爱心家肴 美味新生活

百吃不厌的
能量果蔬汁

主编 ○ 张云甫　　编写 ○ 瑞雅　工作室

U0219257

青岛出版社
QINGDAO PUBLISHING HOUSE

用爱做好菜 用心烹佳肴

不忘初心，继续前行。

将时间拨回到 2002 年，青岛出版社"爱心家肴"品牌悄然面世。

在编辑团队的精心打造下，一套采用铜版纸、四色彩印、内容丰富实用的美食书被推向了市场。宛如一枚石子投入了平静的湖面，从一开始激起层层涟漪，到"蝴蝶效应"般兴起惊天骇浪，青岛出版社在美食出版领域的"江湖地位"迅速确立。随着现象级畅销书《新编家常菜谱》在全国摧枯拉朽般热销，青版图书引领美食出版全面进入彩色印刷时代。

市场的积极反馈让我们备受鼓舞，让我们也更加坚定了贴近读者、做读者最想要的美食图书的信念。为读者奉献兼具实用性、欣赏性的图书，成为我们不懈的追求。

时间来到 2017 年，"爱心家肴"品牌迎来了第十五个年头，"爱心家肴"的内涵和外延也在时光的砥砺中，愈加成熟，愈加壮大。

一方面，"爱心家肴"系列保持着一如既往的高品质；另一方面，在内容、版式上也越来越"接地气"。在内容上，更加注重健康实用；在版式上，努力做到时尚大方；在图片上，要求精益求精；在表述上，更倾向于分步详解、化繁为简，让读者快速上手、步步进阶，缩短您与幸福的距离。

2017 年，凝结着我们更多期盼与梦想的"爱心家肴"新鲜出炉了，希望能给您的生活带来温暖和幸福。

2017 版的"爱心家肴"系列，共 20 个品种，分为"好吃易做家常菜""美味新生活""越吃越有味"三个小单元。按菜式、食材等不同维度进行归类，收录的菜品款款色香味俱全，让人有马上动手试一试的冲动。各种烹饪技法一应俱全，能满足全家人对各种口味的需求。

书中绝大部分菜品都配有 3~12 张步骤图演示，便于您一步一步动手实践。另外，部分菜品配有精致的二维码视频，真正做到好吃不难做。通过这些图文并茂的佳肴，我们想传递一种理念，那就是自己做的美味吃起来更放心，在家里吃到的菜肴让人感觉更温馨。

爱心家肴，用爱做好菜，用心烹佳肴。

由于时间仓促，书中难免存在错讹之处，还请广大读者批评指正。

美食生活工作室

2017 年 12 月于青岛

目录

第三章 多彩蔬菜汁

第四章 综合果蔬汁

第五章 果蔬茶饮

第六章 果蔬冰饮

第一章

每天一杯果蔬汁

　　果蔬汁通常是指用蔬菜瓜果榨成的汁，富含抗氧化物，能有效为人体补充维生素以及钙、磷、钾、镁等矿物质，还可增强人体肠胃功能，促进消化液分泌、消除疲劳。随着科技的不断发展，人们开始学习自制各种果蔬汁，以补充身体所需的能量。那么，如何来搭配果蔬汁才能喝出健康呢？通过本章内容的介绍，让我们一起了解果蔬汁的基本做法，让健康为生活保驾护航。

爱上果蔬汁，道理百分百

五彩缤纷的果蔬汁中蕴藏着美丽与健康的生活能量。工作之余、闲暇之际喝上一杯清香、醇美、色泽诱人的果蔬汁，带给你百分百的营养，让健康常驻。

饮用果蔬汁，健康六益处

◎天然营养"存储室"。人体最易缺乏的胡萝卜素、维生素C、维生素E，多存在于果蔬中，而生食果蔬的方式最能保留食物中的营养素，且易被人体完整地吸收。它是人体吸收天然营养素的首选方式。

◎营养吸收"加速器"。在制作果蔬汁的过程中，水果和蔬菜的纤维已被搅碎，不仅能降低肠胃的负担，还有助于较弱的幼儿、老年人及大病初愈者更好地吸收营养。此外，原本难以入口却营养丰富的果皮也能借榨汁机的帮助，让人体轻松地吸收其营养成分。

◎心灵的"快乐驿站"。果蔬汁中含有丰富的维生素和矿物质，有助于解压抗压、缓解因压力过大而造成的身心不适。

◎皮肤的"修复机"。果蔬汁中含有大量抗氧化的维生素A、维生素C、维生素E等，可以消除自由基对细胞的破坏，延缓衰老，抚平细纹。除此之外，蔬菜中丰富的纤维素，还有助于促进胃肠蠕动、缩短毒素在体内停留的时间、帮助消化、促进排泄。

◎纤体"加油站"。水果和蔬菜具有高纤维、低脂肪、低热量的三大特性，尤其适合爱美的女性。若再搭配低热量饮食与适量运动，更能有助于促进体内的脂肪代谢，达到快速纤体的目的。

◎疾病"防疫站"。果蔬中大多含有丰富的纤维素，有利于降低血液中的胆固醇含量、控制血糖、预防多种心血管疾病。此外，它所含的抗氧化维生素，还可有效预防癌症，是健康身体的"防疫站"。

适宜饮用果汁的人群

果汁是老少皆宜的饮品，从哺乳期的婴儿到耄耋之年的老人都可以饮用。果汁还被认为是给3月龄婴儿补充维生素C必须添加的辅助食品。然而，也有人不适合喝果汁，如患溃疡病、急慢性胃肠炎的人。健康人中也会有人喝果汁出现腹胀和腹泻，这是由果汁中所含的不能被消化的碳水化合物引起的。此外，肾功能欠佳者，应避免在晚上饮用果汁，否则早晨醒来后很可能会出现手脚浮肿的现象。

多种果蔬的搭配宜忌

部分果蔬中含有一种会破坏维生素C的酵素，如胡萝卜、南瓜、小黄瓜、哈密瓜等。如果与其他果蔬搭配，则会使其他果蔬中的维生素C遭受破坏。不过，因为此种酵素在受热及遇酸后容易分解，所以在自制这类新鲜果蔬汁时，可加入柠檬等较酸的水果，以预防维生素C遭受破坏。

饮用果蔬汁的注意事项

◆在饮用果蔬汁时，应以品尝的心情逐口喝下较佳，以便使其营养被人体充分吸收。若大口痛饮，果蔬汁中的糖分会很快进入血液，易使血糖迅速上升。

◆早上或饭后2小时饮用果蔬汁较佳，尤其早上饮用最为理想。但果蔬汁中的碳水化合物含量较少，不能充当整个早上的能量来源，因此还需配合其他食物一起食用。

◆饭后2小时饮用果蔬汁，其效果与直接食用水果的原理一样。为了不干扰正餐食物在肠胃中的顺利消化，饭后2小时饮用果蔬汁较为合适。

◆夜间或睡前均应避免饮用果蔬汁。因为夜间摄取水分过多会增加肾脏的负担，身体容易出现浮肿。

◆在饮用果蔬汁时应尽量不要加大量的糖。糖太多会造成果蔬汁热量太高，使人容易发胖。因此，若想增加果蔬汁的甜味口感，可添加香甜味较重的水果，如哈密瓜、凤梨，或酌量加以蜂蜜。

爱心提醒

果蔬外皮同样含有丰富的营养成分，如葡萄皮中含有的多酚类物质，可起到抗氧化的作用。故而在制作果蔬汁时，此类水果应保留原有外皮，一同榨汁。当然，在制作果蔬汁前一定要清洗干净外皮，以免残留虫卵和农药。

自制和饮用蔬菜汁应注意的问题

◆一般能生食的蔬菜皆可榨汁饮用，而像豆角、土豆等不能生食的蔬菜则不宜榨汁饮用。

◆在榨取蔬菜汁前，应注意将蔬菜清洗干净，以免引起肠道疾病。

◆蔬菜汁一定要现榨现饮，以免营养成分降解和细菌滋生。

◆蔬菜汁不能完全替代蔬菜食用，但可作为特殊人群（如婴儿、老年人等）的辅助食品，补充人体的营养成分。

果汁不能替代水果

鲜榨果汁中保留着水果中大量的营养成分，如维生素、矿物质、糖和膳食纤维中的果胶等，口感较佳。但是，果汁中所含营养与水果相较还有一定的差距，故而果汁并不能完全替代水果。

第一，水果中原有的纤维素，在果汁中含量极少；第二，水果中含有的某些易氧化的维生素在捣碎和压榨的过程中已被破坏；第三，为延缓果汁变质，部分市售果汁中放入了一定的添加物，如甜味剂、防腐剂、使果汁清亮的凝固剂、防止果汁变色的添加剂等，降低了果汁的营养；第四，在制作市售果汁过程中的加热、灭菌，会使果汁原有的营养成分受损。因此，果汁不能替代水果食用，但可作为口感极佳的辅助食品，补充人体的营养成分。

饮用果汁的最佳时机

两餐之间或饭前半小时是饮用果汁的最佳时机。果汁中含有多种有机酸、芳香物质和酶类，可刺激食欲，有助消化。因此，人们常常把果汁作为餐前的开胃饮品。既然为了"开胃"，自然不能一饮而尽，一般应细斟慢品，量也不宜过多。

此外，果汁中富含钾、铁、硒、铬等无机盐和微量元素，以及维生素C、胡萝卜素和多种抗氧化活性物质，故而还适宜饮于两餐之间，用于补充人体所需营养。

鲜榨果汁应在榨取后半小时内饮尽

研究人员指出，榨取后放置时间超过半小时的鲜橙汁不仅没有任何营养功效，还会对人体造成负面作用。

橙汁的健康功效可以说是举不胜举，如有助于血管扩张、增强人体免疫力，能促进胃肠道正常工作，有助于清除体内的有害物质。但榨取后放置时间超过半小时的鲜橙汁，其原有的营养成分和保健功效则会急剧削弱。

同时切记，饮用橙汁时不要加糖。因为加了糖的橙汁，其热量和糖分均远高于汽水。空腹时，不宜喝浓度较高的果汁，以免损伤胃黏膜。

 果蔬类食材的预处理

要想制作一杯新鲜的果蔬汁需做诸多准备工作，如对果蔬的挑选、清洗、处理等，同时还要掌握一定的榨汁、增鲜技巧。下面让我们一起学习制作果蔬汁的方法吧！

挑选果蔬的方法

想要榨出新鲜果蔬汁，首先要学会挑选果蔬。原则如下：

◎无论挑选水果还是蔬菜，最基本原则都应保证果蔬外表没有遭到碰撞或受损，以防腐坏。另外，挑选的果蔬要带蒂头，且果柄新鲜。

◎在挑选果蔬时，应选择分量较重的，越重往往表示水分越多、越新鲜。除此之外，西瓜、苹果等类果蔬，还可用手指轻弹表皮，声音清脆则多表示水分多，比较新鲜。

◎鲜榨果蔬汁的原材料，以选择新鲜时令果蔬为宜。冷冻果蔬则由于放置时间较长，其维生素的含量已逐渐减少，营养价值也会大幅降低。此外，若能选择有机产品或自己栽种的果蔬榨汁更佳，以避免农药对果蔬的污染。

果蔬类食材预处理

洗净、处理果蔬是制作健康营养果蔬汁的基本前提。清洗果蔬的原则如下：

无需去皮果蔬的预处理

以葡萄为例，具体步骤如下：

① 将葡萄的果粒逐一剪下来。

② 将果粒放入清水中浸泡15分钟，捞出。

③ 用流水冲洗的同时，用软毛刷逐一轻轻刷洗水果表面。

④ 最后再用清水冲洗一遍即可。

提示

1. 葡萄要用剪刀剪除根茎，切不可用手拔，以免清洗时有细菌渗入。

2. 清理表面凹凸不平的水果时，表皮容易残留农药，可先将其放入滤篮中冲洗一遍，再用清水浸泡。

去皮果蔬的预处理

（1）以苹果为例，具体步骤如下：

① 将水果用清水浸泡15分钟，捞出。

② 用流水冲洗的同时，用软毛刷轻轻刷洗水果表面。

③ 用削皮器由内向外削去果皮。

④ 将苹果对半切开，去除蒂头和尾端，切成4等份，挖去籽核，再切成适当大小的块即可。

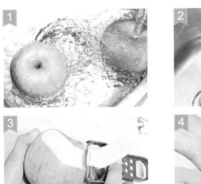
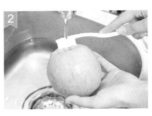

提示

1. 柑橘、香蕉等类只需剥皮的水果，也要以流水洗过后再剥皮。

2. 切开的苹果和梨容易变黑，最好用稀释的盐水浸泡或在水中滴几滴柠檬汁浸泡，以防果肉接触空气被氧化。榨好的苹果汁同样容易变成棕色，也可在果汁中滴几滴柠檬汁，以延缓变色的速度。

3. 暴露在空气中的香蕉也易氧化变色，可用柠檬汁浸泡或用沾过柠檬汁的刀切割，以防香蕉变色。

（2）以芒果为例，具体步骤如下：

① 芒果洗净，平放，避开果核，用水果刀由下至上切出两大瓣果肉。

② 在切出的果肉切面处分别纵切数刀。

③ 在原有切口处交叉斜切数刀，即打十字花刀。

④ 片去芒果皮后即成芒果丁。

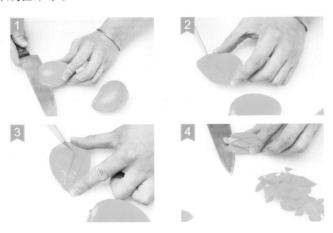

（3）以橙子为例，具体步骤如下：

① 橙子洗净，用刀切除其顶端和蒂部。

② 将橙子竖直放置，用刀由上至下贴着果肉切去果皮即可。

（4）以香瓜为例，具体步骤如下：

① 香瓜洗净，切除蒂头，以直刀将其对半切开，挖去内瓤。

② 剖开的香瓜直切成3~4份，用水果刀沿着果皮切出果肉，分切成块状即可。

提示

柑橘类水果的种子多半集中在中间。要想去除种子，可将处理好的水果剖开，用勺子逐一挖出即可。

叶菜类果蔬的预处理

以菠菜、芹菜、小白菜等叶菜类果蔬为例，具体步骤如下：

将切除约1厘米根部的果蔬放入水中浸泡10分钟。随后，用流水将其冲洗干净，特别是容易残留农药缝隙处要反复清洗。

根茎类果蔬的预处理

以胡萝卜、牛蒡、土豆、白萝卜等根茎类果蔬为例，具体步骤如下：

用流水冲洗的过程中，使用软毛牙刷轻刷表皮，尤其在容易残留农药、泥沙的缝隙处要反复刷洗。

3 制作果蔬汁，工具不可少

在开始制作果蔬汁前，让我们先来了解一下各种工具的用途和使用方法，以便根据各自需要选择购买。

必备工具

➡ 搅拌机

电动搅拌机是以利用电机带动刀片高速旋转达到搅拌、切割、粉碎食物为目的的家用电器，不但加快了果蔬汁的混合速度，而且非常容易清洗。同时，它还可以用来制作各种冰沙、奶昔和豆浆等。

➡ 榨汁机

榨汁机是一种可以将果蔬快速榨成果蔬汁的机器。启动后，电机带动刀网高速旋转，将果蔬推向刀网后削碎，同时刀网高速运转所产生的离心力会将果渣甩入渣盒，而果蔬汁则会穿过刀网流入果蔬汁杯。至此，美味的果蔬汁就做好了。

提示

1.榨汁机适用于大部分较硬或多汁的蔬果。

2.搅拌机适用于木瓜、西红柿等黏性较强的蔬果，也适合搅拌乳制品、糊类、汤类食品。

3.如果搅拌机发生空转，应关掉开关，用筷子轻轻搅匀后再继续搅拌。

第二章

缤纷水果汁

　　低热量、零负担、无添加的缤纷水果汁，各式各样的搭配会呈现出不一样的颜色和味道。本章收录了大量营养美味的水果汁，做法方便，美味营养。让我们一起来感受缤纷水果汁的健康魔力吧！

苹果汁

主料

苹果	250克

调料

蜂蜜	适量

做法

① 苹果洗净，削皮去核，切块备用。

② 将处理好的苹果放入榨汁机，调入适量蜂蜜，榨出果汁即可。

Tips　　苹果汁富含果糖、维生素C等营养素，具有加速肠道蠕动、促进食物消化等功效。

苹果雪梨汁

主料

苹果	200克
雪梨	200克

主料

蜂蜜、柠檬汁	各适量

做法

① 苹果洗净，削去外皮，对半切开，去除蒂头和尾端，挖去籽核，再切成适当大小的块。

② 将苹果、雪梨依次放入榨汁机中榨汁，调入适量蜂蜜、柠檬汁即可。

主料

苹果	100克
桃子	100克

调料

蜂蜜、冰水	各适量

做法

① 苹果、桃子分别洗净,削皮去核,切成等大的小块。

② 将处理好的苹果、桃子依次放入榨汁机中,加入适量冰水,一同搅打成汁,调入蜂蜜即可。

苹果蜜桃汁

主料

苹果	200克
青提	200克

调料

柠檬汁	适量

做法

① 苹果洗净,削皮去核,切成小块。

② 青提洗净,去掉果核。

③ 将处理好的苹果和青提依次放入榨汁机中榨汁,调入适量柠檬汁即可。

苹果青提汁

苹果香瓜汁

主料

苹果	200克
香瓜	200克

调料

蜂蜜、柠檬汁	各适量

做法

① 苹果洗净，削皮去核，切成小块。

② 香瓜洗净，削去外皮，用小勺挖去内瓤，切成等大的小块。

③ 将处理好的主料依次放入榨汁机中榨汁，调入适量蜂蜜、柠檬汁即可。

苹果葡萄汁

主料

苹果	150克
葡萄	150克

主料

蜂蜜、柠檬汁	各适量

做法

① 葡萄洗净，去掉果核，备用。

② 苹果洗净，削皮去核，切成小块。

③ 将苹果和葡萄依次放入榨汁机中榨汁，调入蜂蜜、柠檬汁即可。

Tips　　葡萄含有丰富的矿物质、维生素，与苹果搭配，具有养胃生津、补益气血等功效。

苹果综合汁

制作时间
10 分钟

难易度
★

主料

苹果	100克
橘子	100克
菠萝	150克

调料

蜂蜜、柠檬汁	各适量

做法

① 苹果洗净，削去外皮，对半切开，去除蒂头和尾端，挖去籽核，再切成适当大小的块。

② 橘子洗净，剥去外皮，去核。

③ 菠萝洗净，削皮去硬心，切成与苹果等大的小块。

④ 将处理好的苹果、橘子、菠萝一同放入榨汁机中，搅打成汁，调入适量蜂蜜、柠檬汁，稍加装饰即可。

Tips

口味酸甜，清爽宜人。

苹果富含果糖、维生素C等营养素，具有生津止渴、润肺除烦、健脾益胃、养心益气、润肠止泻等功效。

葡萄柚苹果汁

主料

葡萄柚	200克
苹果	150克
橙子	100克

调料

柠檬汁、蜂蜜	各适量

做法

① 葡萄柚洗净，去皮切块；苹果洗净，削皮去核，切成小块备用。

② 橙子洗净，去皮切块，与苹果、葡萄柚一同放入榨汁机中榨汁。

③ 在榨好的果汁中调入适量柠檬汁和蜂蜜即可。

香蕉香瓜汁

主料

香蕉	100克
香瓜	150克

调料

乳酸饮料	适量

做法

① 香瓜洗净，削皮去瓤，切成小块。

② 香蕉洗净，剥皮切块。

③ 将处理好的两种主料依次放入榨汁机中，调入适量乳酸饮料，打成果汁即可。

香蕉橘子汁

制作时间 10 分钟　难易度 ★

主料

| 香蕉 | 1个 |
| 橘子 | 1个 |

调料

| 蜂蜜、纯净水 | 各适量 |

做法

① 橘子洗净，剥皮去核，备用。

② 香蕉洗净，剥去外皮，切成小段。

③ 将处理好的橘子瓣、香蕉段分别放入榨汁机中，加入适量纯净水，搅打成汁，过滤。

④ 将做好的果汁倒入玻璃杯中，根据个人口味，加入适量蜂蜜，调匀即可。

Tips

橘子不宜食用过量，太多则会让体内胡萝卜素过多，皮肤呈深黄色。若因食用太多橘子造成手掌变黄，只需停止食用一段时间，即可让肤色渐渐恢复正常。

香蕉茶汁

主料

香蕉   50克

调料

茶水、蜂蜜   各适量

做法

① 香蕉洗净，去皮切块。

② 将香蕉块放入杯中捣碎，调入适量茶水、蜂蜜即成。

Tips   此种搭配制成的果汁具有提升精力、强健肌肉、滋润肠胃、畅通血脉之功效。

香蕉苹果蜜汁

主料

香蕉   1个
苹果   半个

调料

蜂蜜、牛奶   各适量

做法

① 香蕉洗净，剥去外皮，切成小段。

② 苹果洗净，削去外皮，对半切开，去除蒂头和尾端，挖去籽核，再切成同等大小的块。

③ 将处理好的香蕉段、苹果块依次放入榨汁机中，加入适量牛奶，搅打成汁。

④ 将做好的果汁倒入玻璃杯中，根据个人口味，加入适量蜂蜜，调匀装饰即可。

香蕉柳橙汁

制作时间 10 分钟　难易度 ★

主料

香蕉	100克
柳橙	200克

调料

蜂蜜、冰水	各适量

做法

① 柳橙洗净，切除其顶端和蒂部，竖直放置，用刀由上至下贴着果肉切去果皮，去除果核，切成小块。

② 香蕉洗净，剥去外皮，切成与柳橙等大的小块。

③ 将处理好的柳橙块、香蕉块依次放入榨汁机中，加入适量冰水，搅打成汁，过滤。

④ 将榨好的果汁倒入玻璃杯中，根据个人口味，调入适量蜂蜜即可。

Tips

香蕉果肉营养价值颇高，含有多种微量元素，有促进生长、增强人体免疫力、促进消化等功效。此种搭配制成的果汁口感酸甜，果汁浓厚。

香蕉酸奶汁

制作时间
10 分钟

难易度
★

主料

酸奶	150毫升
香蕉	1根

调料

豆粉	1大匙
纯净水	100毫升

Tips

　　酸奶富含维生素A、B族维生素、维生素E等营养成分，具有阻止人体细胞内不饱和脂肪酸的氧化和分解、促进体内毒素排出、缓解痤疮等功效。

做法

① 香蕉洗净，剥去外皮，切成小段。

② 将处理好的香蕉段放入榨汁机中，加入酸奶、豆粉，一同搅打均匀。

③ 在榨汁机中加入200毫升纯净水，继续打至果汁细密，随后再加入100毫升纯净水，再打20秒钟即可。

香蕉山楂汁

制作时间
10 分钟

难易度
★

主料

香蕉	1根
山楂	4颗

调料

酸奶	150毫升
蜂蜜	适量

做法

① 香蕉洗净，剥去外皮，切成2厘米见方的小段。

② 山楂洗净，切除其顶端和蒂部，去除果核，切成小块。

③ 将处理好的香蕉段、山楂块依次放入榨汁机中，加入适量酸奶，充分搅打均匀。

④ 将搅打好的果汁倒入玻璃杯中，根据个人口味，调入适量蜂蜜即可。

Tips

香蕉与山楂搭配，具有降火通便、润燥止咳、消食利水、软化血管等功效，口感酸甜爽滑。

什锦水果奶昔

制作时间
20 分钟

难易度
★★

主料

桃子	2个
香蕉	1个
草莓	6颗

调料

| 牛奶 | 200毫升 |
| 炼乳 | 适量 |

做法

① 香蕉洗净，剥皮，切段；草莓用淡盐水洗净，去蒂。

② 桃子用温水洗净，去皮、核，切块。

③ 将桃子、香蕉和草莓依次放入料理机中，调入牛奶和适量炼乳，盖好盖子。

④ 开启料理机，搅拌约20秒钟，盛入杯中即可。

巧克力香蕉奶昔

制作时间 25 分钟　难易度 ★★★

主料

鲜牛奶	250克
香蕉	2个
巧克力	10克

调料

冰糖	25克

做法

① 锅内加水烧开，放入冰糖和巧克力煮至化开，离火晾凉，待用。

② 香蕉洗净，剥皮，切成小段。

③ 将处理好的香蕉与鲜牛奶、巧克力糖浆一同倒入搅拌杯中。

④ 启动搅拌机，搅打约30秒至浓稠，倒入杯中，稍加装饰即可。

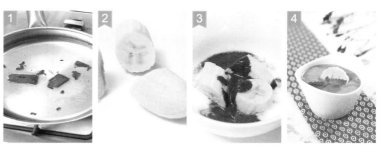

薄荷橙汁

制作时间
25 分钟

难易度
★★★

主料

橙子	2个
薄荷叶	少许

调料

蜂蜜	25克
纯净水	75克

做法

① 薄荷叶、橙子分别洗净，备用。

② 将橙子切除其顶端和蒂部，竖直放置，用刀由上至下贴着果肉切去果皮，去除果核，切成小块；薄荷叶切碎，备用。

③ 将处理好的橙子块、薄荷叶碎分别投入搅拌机中，加入纯净水，一同搅打成汁。

④ 将做好的薄荷橙汁倒入杯中，根据个人口味，调入蜂蜜，用薄荷叶装饰即成。

Tips

现代医学研究认为，橙子中的维生素C和胡萝卜素含量较高，打成汁饮用，具有软化血管、降低胆固醇、降低血脂、美容养颜之功效，非常适合在干燥的秋冬季节饮用。

温馨提示

· 以选用鲜薄荷叶为好。

· 要掌握好蜂蜜的用量，不宜放入过多。

蜂蜜柳橙汁

主料

柳橙	1个

调料

冰块、蜂蜜	各适量

做法

① 柳橙洗净，削皮去核，切成小块，投入榨汁机中榨汁。

② 在榨好的橙汁中调入适量蜂蜜，加冰块搅至稍融化即可。

Tips 此种果汁具有生津止渴、解除疲劳之功效，对感冒、咳嗽也有预防作用。

鲜榨橙汁

主料

柳橙	250克

调料

冰块	适量

做法

① 柳橙洗净，削皮去核，切成小块。

② 将处理好的柳橙块放入榨汁机中榨汁，加入适量冰块即可。

Tips 橙汁内含有的类黄酮和柠檬素，既可预防胆囊疾病的发生，又可促进机体对药物的吸收。

柚橘橙三果汁

主料

橙子	1个
柚子	250克
橘子	200克

调料

碎冰	适量

做法

① 橙子洗净，切除其顶端和蒂部，竖直放置，用刀由上至下贴着果肉切去果皮，去除果核，切成小块。

② 柚子洗净，剥皮去核，切成等大的小块。

③ 橘子洗净，剥皮去核，分瓣。

④ 将处理好的橙子块、柚子块、橘子瓣分别放入榨汁机中，搅打成汁，过滤。

⑤ 将榨好的果汁倒入玻璃杯中，投入适量碎冰，稍加装饰即可。

Tips

　　此种搭配制成的果汁口感酸甜，润肺消渴，对预防冠心病、高血压、动脉硬化、脑血栓、脑溢血等疾病有一定的辅助作用，还可补充人体所需维生素和矿物质，有解毒健胃之功效。

柳橙木瓜汁

制作时间
10分钟

难易度
★

主料

柳橙	2个
木瓜	100克

调料

蜂蜜、冰水	各适量

Tips

　　此种搭配制成的果汁具有行
气益胃、清热解毒、催乳美肤之功
效，口感酸甜清爽，果香浓郁。

做法

① 柳橙洗净，切除其顶端和蒂部，竖直放置，用
刀由上至下贴着果肉切去果皮，去除果核，
切成小块。

② 木瓜洗净，削去外皮，用小勺挖去内瓤，切成
等大的小块。

③ 将处理好的柳城块、木瓜块一同放入榨汁机
中，加入适量冰水，搅打成汁，过滤。

④ 将榨好的果汁倒入玻璃杯中，根据个人口味，
加入适量蜂蜜，调匀装饰即可。

鲜橙酸奶汁

主料

橙子	1个

调料

酸奶	200毫升
蜂蜜	适量

做法

① 橙子洗净，切除其顶端和蒂部，竖直放置，用刀由上至下贴着果肉切去果皮，去除果核，切成小块。

② 将处理好的橙子块放入榨汁机中。

③ 根据个人口味，在榨汁机中加入适量蜂蜜，与橙子块一同搅打成汁，过滤。

④ 玻璃杯中加入酸奶，淋上做好的橙汁即成。

Tips

此种搭配制成的果汁具有行气益胃、清热解毒、催乳美肤之功效，口感酸甜清爽，果香浓郁。

高维生素果汁

制作时间 10 分钟　难易度 ★

主料

橘子、柚子	各1个
橙子	2个
柠檬	半个

调料

蜂蜜、冰块	各适量

Tips

　　此种搭配制成的果汁具有宣肺理气、祛痰止咳、刺激造血、软化血管、预防感冒等功效。

做法

① 橘子洗净，剥皮去核，备用。

② 橙子、柚子、柠檬分别洗净，削去外皮，去除果核，切成等大的小块。

③ 将处理好的所有主料依次放入榨汁机中，加入蜂蜜，搅打成汁，过滤。

④ 将做好的果汁倒入玻璃杯中，投入适量冰块即可。

橙子杨桃汁

制作时间
10 分钟

难易度
★

主料

橙子	2个
杨桃	1个

调料

纯净水	适量

做法

① 橙子洗净，切除其顶端和蒂部，竖直放置，用刀由上至下贴着果肉切去果皮，去除果核，切成小块。

② 杨桃洗净，削去棱角和粗皮，切开去核，再切成小块。

③ 将处理好的橙子块、杨桃块分别放入榨汁机中，加入适量纯净水，搅打成汁，过滤。

④ 将榨好的果汁倒入玻璃杯中，稍加装饰即可。

Tips

此种搭配制成的果汁具有强化血管弹性、调节血脂、预防伤风感冒、维持腺体正常活动等功效，非常适合久坐办公室的白领一族。

柑橘甘蔗汁

制作时间
10分钟

难易度
★

主料

柑橘	2个
甘蔗	半根

调料

纯净水	100毫升
柠檬汁	适量

Tips

甘蔗具有提神补血、滋阴养肺、润燥生津之功效，与柑橘搭配，不失为秋季养生保健的优选饮品。

做法

① 柑橘洗净，切除其顶端和蒂部，竖直放置，用刀由上至下贴着果肉切去果皮，去除果核，切成小块。

② 甘蔗洗净，斩成大段，竖直放置，用刀自上而下削去外皮，再分切成小块。

③ 将处理好的柑橘块、甘蔗块依次放入榨汁机中，加入纯净水，搅打成汁，过滤去渣。

④ 将榨好的果汁倒入杯中，根据个人口味，调入适量柠檬汁即可。

花粉橘汁

主料

柑橘	2个
花粉	10克

调料

纯净水	100毫升
蜂蜜	适量

做法

① 花粉需提前放入冰箱冷藏24小时以上，备用。

② 柑橘洗净，切除其顶端和蒂部，竖直放置，用刀由上至下贴着果肉切去果皮，去除果核，切成小块，放入榨汁机中榨汁，过滤。

③ 将纯净水煮至80℃后，倒入冷藏好的花粉，搅拌均匀，静置24小时，中间需再搅拌数次，随后用细棉布过滤，制得花粉乳。

④ 将做好的花粉乳倒入杯中，调入适量蜂蜜后，加入之前做好的柑橘汁，混合均匀即可。

Tips

此种搭配制成的果汁具有润肺止咳、健脾理气等功效，是老年人、心血管病患者的上乘饮品。

柚子苹果汁

制作时间
10 分钟

难易度
★

主料

柚子	1个
苹果	1个

调料

蜂蜜、纯净水	各适量

做法

① 柚子洗净，剥皮去核，取肉，切成小块。

② 苹果洗净，削皮去核，切成等大的小块。

③ 将处理好的柚子和苹果依次放入榨汁机中，加入纯净水，榨出果汁。

④ 将做好的果汁倒入杯中，调入适量蜂蜜，加柚子点缀即可。

Tips

　　柚子味甘酸，性寒，具有理气化痰、润肺清肠、补血健脾等功效，能促进胃肠消化、化痰止渴、理气散结，长期食用还有美容之功。

西柚杨梅汁

制作时间 10 分钟　难易度 ★

主料

杨梅	15颗
西柚	半个

调料

纯净水	100毫升
蜂蜜	适量

做法

① 西柚洗净，切除其顶端和蒂部，竖直放置，用刀由上至下贴着果肉切去果皮，去除果核，切成小块。

② 杨梅洗净，用浓盐水稍泡片刻，清水冲净，沥干水分。

③ 将处理好的西柚块、杨梅一同放入榨汁机中，加入适量纯净水，榨汁过滤。

④ 将榨好的果汁倒入玻璃杯中，根据个人口味，调入适量蜂蜜即可。

Tips

1.杨梅具有很高的药用价值和食用价值，果味酸甜适中，既可直接食用，又可加工成杨梅干、蜜饯等，还可酿酒，具有生津止渴、辅助胃肠消化等功效。

2.杨梅买回家后应先用浓盐水浸泡，以刺激里面藏匿的小虫窜出来，然后用清水冲洗，即可食用。

柚香橙子汁

制作时间 10分钟　难易度 ★

主料

西柚	半个
橙子	1个
柠檬	1/3个

调料

蜂蜜	适量
纯净水	100毫升

做法

① 西柚、橙子分别洗净，削皮去核取肉，切成等大的小块。

② 柠檬洗净，削皮去核，切成薄片。根据个人口味，取适量果肉备用。

③ 将处理过的主料依次放入榨汁机中，加入纯净水和适量柠檬片，搅打成汁，过滤。

④ 将榨好的果汁倒入玻璃杯中，加入适量蜂蜜，调匀即可。

Tips

　　西柚含水丰富，多酶而少钠，其所含的酶会影响人体吸收糖分的方式，使糖分不会轻易转化为脂肪，有助于体内脂肪的燃烧；所含膳食纤维丰富，能快速增强饱腹感，降低人体对食物的摄取量。

芒果柚子汁

制作时间 10 分钟　难易度 ★

主料

芒果	50克
柚子	100克

调料

蜂蜜	适量

做法

① 芒果洗净，削去外皮，避开果核，用水果刀由下至上切出两大瓣果肉，再切成小块。

② 柚子洗净，切除其顶端和蒂部，竖直放置，用刀由上至下贴着果肉切去果皮，去除果核，切成小块。

③ 将处理好的芒果、柚子分别放入榨汁机中，搅打成汁，过滤。

④ 将榨好的果汁倒入玻璃杯中，根据个人口味，加入适量蜂蜜，混合均匀即可。

Tips

芒果与柚子搭配成汁，含有丰富的B族维生素与维生素C，不仅能增强人体免疫力，还能促进脂溶性有害物质排出体外，是名副其实的抗氧化饮品。

芒果橙汁

制作时间
10 分钟

难易度
★

主料

芒果	1个
柳橙	1个
苹果	半个
柠檬	1/3个

调料

蜂蜜	适量

做法

① 芒果洗净，削皮去核取肉，切成小块。

② 柳橙洗净，剥皮去核取肉，切成等大的小块。

③ 苹果洗净，削皮去核，取其一半，切成小块备用。

④ 柠檬洗净，削皮去核，取其1/3果肉，切成小块备用。

⑤ 将所有处理好的果肉一同放入榨汁机中榨取果汁，根据个人口味，调入适量蜂蜜即可。

Tips

芒果成熟时为黄色，味甜，果核坚硬。其果肉富含糖、蛋白质、粗纤维，具有清理肠胃、美化肌肤、防止便秘等功效，与柳橙、苹果搭配，口感酸甜，果香宜人。

鲜榨西瓜汁

制作时间 10分钟

难易度 ★

主料

西瓜	250克

调料

冰块	适量

做法

① 西瓜洗净，分切成数块，去种取瓤，切成小块。

② 将处理好的西瓜果肉放入榨汁机中，榨取果汁。

③ 将榨好的西瓜汁倒入玻璃杯中，放入适量冰块，稍加装饰即可。

Tips

西瓜堪称"盛夏之王"，果肉味甜，清爽解渴，是盛夏佳果。西瓜含有大量葡萄糖、苹果酸、果糖、氨基酸、番茄素及丰富的维生素C等营养物质。

此外，由于西瓜还有利尿之功效，加之其果肉含水量高，故可增加人体的排尿量，促进体内盐分排出，减轻浮肿，对因长时间坐在电脑前而双腿麻木肿胀的女性来说，是一种天然的美腿水果。

杏仁双西酸奶

制作时间 25 分钟

难易度 ★★★

主料

主料	
酸奶	250克
西瓜瓤	200克
西米	50克
杏仁	20克

做法

① 西米洗净，用冷水泡半小时。

② 西瓜瓤去籽，切成小块。

③ 锅置火上，加水烧开，下入西米煮至透明，捞出过凉，入冰箱冷藏。

④ 杏仁用沸水略泡，除去表层黄皮，备用。

⑤ 将准备好的西瓜、酸奶、杏仁一同放入料理机中搅打成汁，去渣。

⑥ 将做好的酸奶倒入杯中，舀入冰镇西米即成。

Tips

西米是由棕榈树类的树干、树身（茎）部提取的淀粉，通过加工处理，烘干制成的可食用西米淀粉，适宜体质虚弱、消化不良、神疲乏力者食用，但糖尿病患者忌食。

营养分析

· 西米非米，煮制过程中注意搅拌，避免粘锅。

· 杏仁味苦，用量勿多。

西瓜蜜桃汁

制作时间
10 分钟

难易度
★

主料

西瓜	150克
鲜桃	150克
香瓜	100克

调料

蜂蜜	1大匙
柠檬汁、冰块	各适量

做法

① 西瓜、鲜桃分别洗净，除去皮、核，取肉，切成小块。

② 香瓜洗净，削皮去瓤取肉，切成等大的小块。

③ 将处理好的所有主料依次放入榨汁机中，调入适量蜂蜜，一同搅打成汁。

④ 将做好的果汁倒入杯中，加适量柠檬汁、冰块，稍加装饰即可。

Tips

　　此种搭配制成的果汁口感香甜清爽，具有保护肝脏、清热解暑、消除口臭等功效。

主料

西瓜汁	180克
绿茶	1小袋

调料

冰块	适量

做法

① 在壶中加入适量清水。

② 取适量绿茶放入壶中，煎煮出茶汁备用。

③ 在茶汁中加入西瓜汁，搅拌均匀，加适量冰块即可。

西瓜茶

主料

西瓜	200克
金橘	50克

调料

蜂蜜、冰水	各适量

做法

① 西瓜洗净，去皮、去种，切成小块。

② 金橘洗净，去蒂，备用。

③ 将处理过的主料依次放入榨汁机中，倒入适量冰水，榨成果汁。

④ 将榨好的果汁倒入杯中，根据个人口味，调入适量蜂蜜即可。

西瓜金橘汁

西瓜葡萄汁

制作时间
10 分钟

难易度
★

主料

西瓜	300克
葡萄	20颗

调料

柠檬汁	适量

做法

① 西瓜洗净，去皮、去种，切成小块。

② 逐一剪下葡萄果粒，放入清水中浸泡15分钟，捞出后逐颗洗净，沥干水分。

③ 将处理好的所有主料依次放入榨汁机中，搅打成汁，过滤。

④ 将榨好的果汁倒入玻璃杯中，根据个人口味，加入适量柠檬汁，充分调匀即可。

Tips

葡萄不仅味美可口，而且营养价值很高，成熟的浆果中含有丰富的矿物质、多种维生素及人体所需的氨基酸，具有健脾和胃、促进消化、缓解疲劳等功效。

参乳雪梨汁

制作时间 10分钟　难易度 ★

主料

雪梨	100克
牛奶	300毫升
甘蔗、白参	各30克

调料

蜂蜜	适量

做法

① 甘蔗洗净，去皮切断，再切成小块。

② 雪梨洗净，削皮去核，切成等大的小块。

③ 将处理好的甘蔗、雪梨依次放入榨汁机中，榨成果汁，备用。

④ 白参洗净，放入砂锅中，加400毫升水，煮至100毫升，取汁备用。

⑤ 将白参汁、牛奶、甘蔗雪梨汁混合均匀，加入杯中，根据个人口味，调入适量蜂蜜即成。

Tips

牛奶含有丰富的钙、磷、铁、锌、铜、锰等矿物质，被誉为"白色血液"。白参，味甘、微苦，性微温。

此种搭配制成的果汁具有补脾益肺、生津止渴、降低胆固醇、安神增智、美容养颜等功效。

雪梨百合汁

主料

雪梨	1个
百合	30克
杏仁	10克

调料

冰糖	适量

做法

① 雪梨洗净，削皮去核，切成小块。

② 百合、杏仁分别洗净，备用。

③ 将处理好的雪梨、百合、杏仁依次放入锅中，加水煮沸。

④ 根据个人口味，放入适量冰糖，继续炖煮40分钟即成。

柠檬汁

主料

柠檬	1个

调料

冰糖、纯净水	各适量

做法

① 柠檬洗净，切除其顶端和蒂部，竖直放置，用刀由上至下贴着果肉切去果皮，去除果核，切成薄片。

② 将处理好的柠檬片放入榨汁机中，倒入适量纯净水，搅打成汁，过滤。

③ 根据个人口味，加入适量冰糖调味即可。

香梨牛奶汁

制作时间
10 分钟

难易度
★

主料

香梨	1/3个
牛奶	160毫升
杏仁	适量

调料

| 柠檬汁 | 1小匙 |
| 蜂蜜 | 适量 |

做法

① 香梨洗净，削皮去核，切成2厘米见方的小块。

② 杏仁烘干，磨成细粉，备用。

③ 将处理好的香梨、杏仁粉与牛奶依次放入搅拌机中，调入柠檬汁、蜂蜜，一同搅打成汁，倒入杯中即可。

Tips

杏仁含有丰富的蛋白质、脂肪、胡萝卜素、多种维生素及钙、磷、铁等营养成分，具有防治心血管系统疾病、生津止渴、润肺定喘等功效。

雪梨苹果汁

制作时间
10 分钟

难易度
★

主料

| 雪梨 | 2个 |
| 苹果 | 1个 |

调料

| 蜂蜜 | 适量 |
| 纯净水 | 100毫升 |

Tips

　　雪梨含有约90%的水分，对机体发烧所引起的喉咙痛有很好的缓解作用。此种搭配制成的果汁还具有润肺降火、退烧止咳等功效。

做法

① 雪梨、苹果分别洗净，用清水浸泡15分钟，捞出削皮，分切成四等份，去除蒂头和尾端，挖去籽核，再切成等大的小块。

② 将处理好的雪梨、苹果依次放入榨汁机中，加入适量纯净水，搅打成汁，过滤。

③ 将榨好的果汁倒入玻璃杯中，根据个人口味，加入适量蜂蜜，调匀装饰即可。

水蜜桃苹果汁

制作时间
10 分钟

难易度
★

主料

水蜜桃罐头	150克
苹果	150克

调料

柠檬汁	适量

做法

① 水蜜桃切成小块。

② 苹果洗净，削皮去核，切成等大的小块。

③ 将处理好的水蜜桃、苹果依次放入榨汁机中，搅打成汁。

④ 将做好的果汁倒入杯中，根据个人口味，调入适量柠檬汁即可。

Tips

此种搭配制成的果汁味道清香、酸甜，具有提高人体免疫力、预防感冒、改善呼吸系统、降低胆固醇等功效。

柠檬酸奶汁

制作时间 10 分钟　　难易度 ★

主料

柠檬	半个
酸奶	150毫升

调料

蜂蜜	1小匙
碎冰	适量

Tips

　　酸奶是牛奶经过乳酸菌发酵而成的，属于发酵乳。除保留了鲜牛奶的营养成分外，在发酵过程中，酸奶中的乳酸菌还可以产生人体所需的多种维生素，有促进胃液分泌、提高食欲、降低胆固醇等功效，与柠檬搭配还具有美白的效果。

做法

① 柠檬洗净，切除其顶端和蒂部，竖直放置，用刀由上至下贴着果肉切去果皮，去除果核，切成薄片。

② 取适量柠檬片，榨汁过滤。

③ 将所有备好的主料放入摇杯中，加入蜂蜜，摇拌均匀。

④ 做好的柠檬酸奶汁倒入杯中，投入适量碎冰即可。

鲜桃汁

制作时间
10 分钟

难易度
★

主料

水蜜桃	150克

调料

蜂蜜	适量
冰水	100毫升

做法

① 水蜜桃冲洗干净，削皮去核，切成2厘米见方的小块。

② 将处理好的水蜜桃块放入榨汁机中，加入适量冰水，搅打成汁。

③ 将做好的果汁倒入杯中，根据个人口味，加入适量蜂蜜，调匀即可。

Tips

水蜜桃肉质柔软，多汁，富含多种人体所需的维生素，具有美肤、清胃、润肺、祛痰等功效。

草莓牛奶汁

制作时间
10分钟

难易度
★

主料

草莓	6颗
鲜牛奶	250毫升

调料

蜂蜜	适量

Tips

　　这款蔬果汁非常适合正在准备考试的学生饮用。草莓中富含的维生素C，与牛奶中的钙质搭配，有利于改善考前焦躁的情绪、缓解压力。此外，牛奶还含有丰富的钙、维生素和人体所需的氨基酸，可补充体力、使思维活跃。

做法

① 草莓洗净，用淡盐水浸泡片刻，再用清水冲洗干净。

② 洗净的草莓沥干水分，切去蒂部，对半切开。

③ 将处理好的草莓块与鲜牛奶一同放入榨汁机中，搅打均匀，榨成果汁。

④ 将榨好的草莓牛奶汁倒入杯中，根据个人口味，加入适量蜂蜜，调匀装饰即可。

鲜榨草莓汁

制作时间
10分钟

难易度
★

主料

草莓   150克

调料

蜂蜜、冰块   各适量

做法

① 草莓洗净，用淡盐水浸泡片刻，冲洗干净。

② 将草莓捞出，沥干水分，去蒂，对半切开。

③ 处理好的草莓放入榨汁机中，加入适量蜂蜜，搅打成汁。

④ 将做好的果汁倒入杯中，投入适量冰块，装饰即可。

Tips

草莓中富含丰富的膳食纤维、胡萝卜素，具有维护上皮组织健康、明目养肝、促进生长发育、增进胃肠道蠕动等功效。

草莓酸奶

制作时间
25分钟

难易度
★★★

主料

草莓	8个
酸奶	250克

调料

蜂蜜	适量

做法

① 草莓洗净，用淡盐水浸泡片刻，再用清水冲洗干净。

② 洗净的草莓沥干水分，切去蒂部，对半切开。

③ 将处理好的草莓块与酸奶混合，放入榨汁机中，搅打均匀。

④ 将做好的草莓酸奶汁倒入杯中，根据个人口味，加入适量蜂蜜，稍加装饰即可。

Tips

酸奶含有的大量乳酸菌对人体具有保健作用：

1.维护肠道菌群生态平衡，形成生物屏障，抑制有害菌对肠道的入侵。

2.含有多种酶，可以有效促进机体对营养物质的消化吸收。

3.可通过抑制腐生菌和某些有害细菌在肠道的生长，达到防癌的目的。

营养分析

·个大而内发空的草莓最好不要选用。

·草莓洗过后，一定要控干水分。

樱桃乳酸果汁

制作时间
10分钟

难易度
★

主料

樱桃	15颗
乳酸饮料	60毫升

调料

冰糖、碎冰	各适量

做法

① 樱桃洗净，沥干水分，除去果核。

② 将处理好的樱桃放入搅拌机中，加入乳酸饮料和适量冰糖，一同搅拌约30秒钟。

③ 将做好的果汁倒入杯中，加入适量碎冰，装饰即可。

Tips

樱桃味甘、酸，性微温。樱桃含有丰富的酒石酸、胡萝卜素、维生素C、铁、钙、磷等营养成分，具有调中益气、健脾和胃、祛除风湿、淡化面部雀斑等功效。

草莓菠萝汁

制作时间
10 分钟

难易度
★

主料

草莓	12颗
菠萝	50克
腰果	少许

调料

蜂蜜	1小匙
柠檬汁	适量

做法

① 草莓洗净，控去水分，备用。

② 将控干水的草莓切去蒂部，对半切开。

③ 菠萝洗净，去皮，切成等大的小块。

④ 将处理好的草莓块、菠萝块与腰果一同放入榨汁机中，搅打成汁。

⑤ 将做好的果汁倒入杯中，加入蜂蜜、柠檬汁，调匀即可。

Tips

　　草莓和菠萝均富含维生素C，而腰果中含有丰富的维生素E，有助于提升大脑灵活性。三者搭配，可有效提高记忆力。

蓝莓猕猴桃汁

制作时间
25 分钟

难易度
★★★

主料

主料	
猕猴桃	1个
蓝莓	25克

调料

调料	
纯净水	75克
蜂蜜	少许

做法

① 蓝莓用淡盐水洗净，控干水分。

② 猕猴桃洗净，削皮，切成小块。

③ 将处理好的蓝莓、猕猴桃依次放入搅拌机中，加入纯净水，搅打成汁。

④ 将做好的果汁倒入杯中，根据个人口味，加入适量蜂蜜，调匀即可。

Tips

猕猴桃质地柔软，口感酸甜，除含有钙、钾、锌等微量元素和人体所需的17种氨基酸外，还含有丰富的维生素C、葡萄酸、果糖、柠檬酸、苹果酸、脂肪，与蓝莓搭配，具有减肥美容、增强皮肤弹性、保护视力、强心、抗癌、软化血管、增强人机体免疫等功效。

特点功效

· 猕猴桃属维生素和膳食纤维丰富的水果，对减肥、健美、美容有独特的功效。蓝莓具有防止皮肤老化、增强皮肤弹性等功效。两者混合打成汁，减肥、美容的效果更佳。

猕猴桃苹果汁

制作时间
10 分钟

难易度
★

主料

猕猴桃	150克
苹果	150克

调料

薄荷叶	2片

做法

① 猕猴桃洗净，削皮，分切成四块。

② 苹果洗净，不必削皮，去核，切成同等大的小块。

③ 将2片薄荷叶放入果汁机中打碎。

④ 在打好薄荷叶碎的果汁机中依次加入处理好的猕猴桃块、苹果块，一同搅打成汁。

⑤ 将做好的果汁倒入杯中，室温下饮用，或依个人喜好冷藏后饮用即可。

Tips

　　猕猴桃含有丰富的维生素C，可强化免疫系统，促进伤口愈合和对铁质的吸收，与苹果搭配，加以薄荷叶调味，口感清爽，果汁浓郁。

猕猴桃汁

主料

猕猴桃	2个

调料

蜂蜜	2小匙
柠檬汁	适量
纯净水、碎冰	各适量

做法

① 猕猴桃冲洗干净，削去果皮，切成小块。

② 将处理好的猕猴桃块放入榨汁机中，加入适量纯净水，搅打成汁。

③ 将做好的果汁倒入玻璃杯中，加入蜂蜜，搅拌均匀。

④ 根据个人口味，加入适量柠檬汁和碎冰，调匀即可。

Tips

猕猴桃，也称奇异果，原产中国，果形一般为椭圆状，早期外观呈绿褐色，成熟后呈红褐色，表皮覆盖浓密绒毛。猕猴桃果肉质地柔软，口感酸甜，其味道被描述为草莓、香蕉、菠萝三者的混合。

清凉鲜果汁

制作时间
10 分钟

难易度
★

主料

青提	60克
杨桃	60克

调料

蜂蜜	1大匙
冰水、碎冰	各适量

Tips

　　杨桃是一种产于热带和亚热带的水果。在处理杨桃时，只需将其洗净，然后用刀削掉五（或六）个较薄的硬边，即可用刀切割食用了。

做法

① 杨桃洗净，切除硬边，切成小块，备用。

② 青提洗净，注意蒂部要格外仔细清洗，对半切开，去除果核。

③ 将处理好的杨桃块、青提分别放入榨汁机中，倒入适量冰水，搅打约30秒钟，榨出果汁。

④ 将做好的青提杨桃汁倒入杯中，根据个人口味，加入适量蜂蜜、碎冰，搅匀，随后加以装饰即可。

香瓜鲜桃汁

制作时间 10分钟　难易度 ★

主料

香瓜	1个
鲜桃	1个

调料

蜂蜜、柠檬汁、碎冰　各适量

做法

① 香瓜洗净，削去外皮，用小勺挖去内瓤，切成 2厘米见方的小块。

② 鲜桃洗净，削去外皮，取出桃核，切成等大的 小块。

③ 将处理好的香瓜、鲜桃分别放入榨汁机中，加 入适量柠檬汁，搅打均匀。

④ 将做好的果汁倒入玻璃杯中，根据个人口味， 调入适量蜂蜜，投入碎冰，稍加装饰即可。

Tips

味道香甜，清爽诱人。

清凉消暑，除烦热，生津止 渴，是夏季解暑的佳品。

香瓜牛奶汁

主料

香瓜　　　　　　　　　　　　　　　2个

调料

牛奶　　　　　　　　　　　　　100毫升

做法

① 香瓜洗净，削皮去种，对半切开，再切成小块。

② 将处理好的香瓜放入榨汁机中，加入牛奶，一同搅打成汁即可。

Tips　　　此种蔬果汁可促进内分泌和造血功能，还可缓解学习带来的精神压力。

哈密瓜汁

主料

哈密瓜　　　　　　　　　　　　　150克

调料

冰水、蜂蜜　　　　　　　　　　各适量

做法

① 哈密瓜洗净，削皮去种，切成2厘米见方的小块。

② 将处理好的哈密瓜放入榨汁机中，加入适量冰水和蜂蜜，搅打成汁。

③ 将做好的哈密瓜汁倒入杯中，稍加装饰即可。

香瓜蜜桃汁

制作时间 10 分钟　难易度 ★

主料

香瓜	半个
水蜜桃	1个

调料

柠檬	适量

做法

① 香瓜洗净，削去外皮，用小勺挖去内瓤，切成 2厘米见方的小块。

② 水蜜桃洗净，剥去外皮，去除果核，切成等大 的小块。

③ 柠檬洗净，削皮去核，取汁。

④ 将处理好的水蜜桃、香瓜依次放入榨汁机中， 加入适量纯净水。

⑤ 根据个人口味，调入适量柠檬汁，充分搅打成 汁即可。

Tips

　　柠檬富含膳食纤维，可促进胃 肠蠕动、预防便秘，进而起到减肥 瘦身的作用，与香瓜、水蜜桃搭配 混合，养颜美白的效果明显。

哈密瓜乳酸汁

主料

哈密瓜	150克
苹果	50克

调料

乳酸饮料、蜂蜜	各适量

做法

① 哈密瓜洗净，削去外皮，用小勺挖去内瓤，切成2厘米见方的小块。

② 苹果洗净，削皮去核，取肉，切成等大的小块。

③ 将处理好的哈密瓜、苹果依次放入榨汁机中，根据个人口味，加入适量乳酸饮料和蜂蜜，一同搅打成汁即可。

甜瓜柠檬汁

主料

甜瓜	1个
柠檬	1/2个

调料

蜂蜜	适量

做法

① 甜瓜洗净，削去外皮，用小勺挖去内瓤，切成2厘米见方的小块。

② 柠檬洗净，削去外皮，对半切开，去核，切成薄片。

③ 将处理好的甜瓜、柠檬分别放入榨汁机中，搅打成汁，过滤。

④ 将榨好的甜瓜柠檬汁倒入杯中，根据个人口味，加入适量蜂蜜，调匀即可。

葡萄苹果汁

制作时间
10 分钟

难易度
★

主料

葡萄	10颗
苹果	1个

调料

蜂蜜、白汽水	各适量

做法

① 葡萄洗净，在淡盐水中浸泡片刻，对半切开，去除果核。

② 苹果洗净，削去外皮，对半切开，去除蒂头和尾端，挖去籽核，再切成适当大小的块。

③ 将处理好的葡萄、苹果分别放入榨汁机中，加入白汽水，一同搅打成汁，过滤。

④ 将做好的葡萄苹果汁倒入玻璃杯中，根据个人口味，加入适量蜂蜜，搅拌均匀，稍加装饰即可。

Tips

葡萄的清洗：

首先，把葡萄皮上的浮尘洗净，倒掉脏水；然后，将葡萄浸入溶解了食盐的清水中浸泡约20分钟；最后，轻揉搓洗果粒，注意清洗蒂部的污物，再冲洗一遍即可。

葡萄梨奶汁

制作时间 10分钟　难易度 ★

主料

葡萄干	1大匙
梨	1个
牛奶	300毫升
哈密瓜	1/4个

调料

炼乳	适量

做法

① 将梨洗净，削皮去核，切成2厘米见方的小块；葡萄干用清水泡洗干净。

② 哈密瓜洗净，削去外皮，用小勺挖去内瓤，切成等大的小块。

③ 将处理好的梨、哈密瓜分别放入榨汁机中，加入葡萄干、200毫升牛奶和适量炼乳，一同搅打均匀。

④ 将剩余100毫升牛奶倒入榨汁机中，继续搅打15秒钟，取汁，倒入玻璃杯中，稍加装饰即可。

Tips

梨的果实不仅味美汁多，甜中带酸，而且营养丰富，含有多种维生素和纤维素，能维持机体细胞组织的健康状态，尤其适合青少年食用。

葡萄红酒汁

制作时间 10分钟　难易度 ★

主料

葡萄	100克
红葡萄酒	2大匙

调料

柠檬汁、纯净水	各适量

做法

① 葡萄洗净，注意蒂部要格外仔细清洗，连皮对半切开，去除果核。

② 将处理好的葡萄放入榨汁机中，加入红葡萄酒和适量纯净水，快速搅打约20秒钟，榨出果汁。

③ 将做好的葡萄红酒汁倒入玻璃杯中，根据个人口味，加入适量柠檬汁，调匀即可。

Tips

　　红葡萄酒中含有丰富的抗氧化物质，能够促进人体的新陈代谢，有效帮助肌肤避免出现色素沉着、皮肤松弛等问题。睡前饮用，除了具有美容养颜之功效外，还能辅助缓解身心压力、改善睡眠质量。

荔枝青苹果汁

制作时间 10分钟　　难易度 ★

主料

青苹果	1个
荔枝	2个

调料

蜂蜜、碎冰	各适量

Tips

　　此种搭配制成的果蔬汁具有补脾益气、生津止渴、促进肠胃蠕动、治疗便秘等功效。

做法

① 青苹果洗净，削去外皮，对半切开，去除蒂头和尾端，挖去籽核，再切成适当大小的块。

② 荔枝洗净，剥皮去核，对半切开。

③ 将处理好的青苹果、荔枝分别放入榨汁机内，充分搅打成汁，过滤。

④ 将榨好的果汁倒入玻璃杯中，根据个人口味，加入适量蜂蜜、碎冰，搅拌均匀，稍加装饰即可。

主料

菠萝	150克

调料

冰水、蜂蜜	各适量

做法

① 菠萝洗净，用刀削去外部硬皮，分切成四份，削去中间硬心，放入淡盐水中浸泡片刻。

② 将泡好的菠萝用清水冲洗一遍，控干水分，切成小块，备用。

③ 将处理好的菠萝放入榨汁机中，根据个人口味，加入适量蜂蜜和冰块，一同搅打成汁，倒入杯中即可。

菠萝汁

主料

菠萝	150克
柳橙	150克

调料

蜂蜜、冰水	各适量

做法

① 柳橙洗净，削皮去核，切成小块。

② 菠萝洗净，削皮去除硬心，用淡盐水稍泡片刻，沥干水分，切成小块。

③ 将处理过的柳橙块、菠萝块分别放入榨汁机中，加入适量冰水，搅打成汁。

④ 将做好的菠萝柳橙汁倒入杯中，根据个人口味，加入适量蜂蜜，调匀即可。

菠萝柳橙汁

四季果汁

制作时间 10分钟　难易度 ★

主料

菠萝、橙子	各100克
香蕉	1个
芒果	50克

调料

蜂蜜	适量
纯净水	适量

Tips

此种搭配制成的果汁含有丰富的维生素、胡萝卜素等营养成分，榨汁饮用，口感顺滑，果味香浓，具有提升精力、滋润肠胃、畅通血脉、降低血脂、美容养颜之功效。

做法

① 橙子洗净，削皮去种，切成小块。

② 菠萝洗净，削皮去除硬心，用淡盐水稍泡片刻，沥干水分，切成小块。

③ 香蕉洗净，剥去外皮，切成小段。

④ 芒果洗净，削皮去核取肉，切成等大的小块。

⑤ 将处理好的所有主料分别放入榨汁机中，加入适量纯净水，搅打成汁，过滤。

⑥ 将榨好的果汁倒入杯中，根据个人口味，加入适量蜂蜜，调匀，稍加装饰即可。

菠萝香瓜汁

制作时间
10 分钟

难易度
★

主料

菠萝	半个
香瓜	1个

调料

蜂蜜、纯净水	各适量

做法

① 菠萝洗净，用刀削去外部硬皮，分切成四份，削去中间硬心，放入淡盐水中浸泡片刻。

② 将泡好的菠萝用清水冲洗一遍，控干水分，切成小块，备用。

③ 香瓜洗净，削去外皮，用小勺挖去内瓤，切成等大的小块。

④ 将处理好的菠萝、香瓜分别放入榨汁机中，加入适量纯净水，搅打成汁，过滤。

⑤ 将榨好的果汁倒入杯中，根据个人口味，加入适量蜂蜜，调匀即可。

Tips

此种搭配制成的果汁口感酸甜，果味浓厚，具有生津止渴、消除烦热、消炎利尿、补充人体所需维生素和矿物质等功效。

酸梅汤

制作时间
25 分钟

难易度
★★★

主料

乌梅	100克
山楂	75克

调料

冰糖、冰水	各适量

做法

① 乌梅和山楂分别用温水洗净，去除果核。

② 将处理好的乌梅、山楂放入锅中，加入开水泡至水凉，再煮约1小时，离火晾凉。

③ 把煮好的主料和汤汁倒入搅拌杯中，加入适量冰糖，调至高速，搅拌约40秒钟。

④ 将搅拌好的果汁倒入保鲜盒中，放入冰箱冷藏。饮用时，每次取30克，加250克冰水或开水，调匀后即可。

Tips

　　乌梅和山楂的酸味可刺激唾液分泌，二者混合搅打成汁，具有生津止渴、增进食欲之功效。此外，还可用来辅助治疗口渴多饮、咽干等症。夏天冰饮，还能起到去暑解渴、除烦安神的效果。

营养分析

· 挑选乌梅时，以个大、肉厚、柔润、味极酸者为佳。

· 由于两种主料极酸，在饮用时，可根据个人口味增减掺水量。

美体鲜果汁

制作时间
10 分钟

难易度
★

主料

火龙果	1个
苹果	半个
草莓	2颗

调料

蜂蜜、冰水	各适量

Tips

　　火龙果是一种低能量、高纤维的水果，水溶性膳食纤维含量非常丰富，与苹果、草莓搭配，具有减肥降脂、降低胆固醇、通润肠道等功效。

做法

① 火龙果洗净，剥去外皮，切成2厘米见方的小块。

② 苹果洗净，削皮去核，切成等大的小块。

③ 草莓洗净，沥干水分，切去蒂部，对半切开。

④ 将处理好的火龙果、苹果、草莓分别放入榨汁机中，加入适量冰水。

⑤ 根据个人口味，在榨汁机中加入适量蜂蜜，一起充分混合，搅打均匀，过滤，倒入玻璃杯中即可。

第三章

多彩蔬菜汁

　　爱美是女人的天性，但美丽不仅仅是拥有一副好容颜，体形与容颜一样重要。本章为您介绍多种具有代表性的美容滋补蔬菜汁，让您足不出户就可享用健康饮品，既能满足味蕾，又能在不知不觉中达到瘦身美容的目的。

生菜芦笋汁

制作时间 10分钟　难易度 ★

主料

生菜叶	6片
芦笋	4根

调料

柠檬汁	2小匙
冰块	适量

Tips

　　生菜富含纤维质，可以有效促进消化；芦笋富含蛋白质和叶酸，可预防心脏病的发生。二者混合打成汁，清香爽口。

做法

① 生菜分叶，逐片洗净，稍加沥水，切成小块。

② 芦笋洗净，切成1厘米左右的小段。

③ 将处理过的生菜、芦笋分别放入榨汁机中，搅打成汁，过滤。

④ 将榨好的蔬菜汁倒入玻璃杯中，加入柠檬汁和适量冰块，调匀即可。

主料

西芹	150克

调料

纯净水	100毫升
蜂蜜	适量

做法

① 西芹取鲜嫩茎叶，去除泥沙，冲洗干净，切成小段。

② 将处理好的西芹段放入榨汁机中，倒入纯净水，搅打成汁，过滤。

③ 将榨好的西芹汁倒入小锅中，加入适量蜂蜜，炖服即可。

西芹蜜汁

主料

番茄	60克

调料

冰水、碎冰	各适量

做法

① 番茄洗净，切去蒂部，削掉外皮，切成小块。

② 将处理好的番茄放入搅拌机中，倒入适量冰水，高速搅打约30秒钟，过滤。

③ 将做好的番茄汁倒入玻璃杯中，放入适量碎冰，调匀即可。

番茄汁

黄瓜玫瑰汁

制作时间 25 分钟　难易度 ★★★

主料

黄瓜	150克
番茄	150克
鲜玫瑰花	1朵
柠檬	1/2个

调料

纯净水	100克
蜂蜜	适量

做法

① 黄瓜洗净，切成小块。

② 番茄洗净，切去蒂部，削皮，切成小块。

③ 鲜玫瑰花分瓣洗净，沥干水分。

④ 柠檬洗净，削皮去核，取其一半，切成薄片。

⑤ 将黄瓜、番茄放入榨汁机中，加入柠檬片和纯净水。

⑥ 再放入玫瑰花瓣，搅打成汁，过滤。

⑦ 将做好的果汁倒入玻璃杯中，根据个人口味，加入适量蜂蜜，调匀即可。

Tips

　　玫瑰花性温，降火气，花中含丰富的维生素A、维生素C、维生素K、单宁酸等多种营养成分，与黄瓜、番茄、柠檬搭配，具有改善内分泌失调、消除疲劳、辅助伤口愈合、调理气血、促进血液循环、美容养颜、调经利尿等功效。身体疲劳酸痛时，还可取之按摩，解除疲劳的效果明显。

特点功效

· 鲜玫瑰花以花蕾大、花朵完整、瓣厚、色紫红、不露蕊、香气浓郁者为佳。

· 如果不喜欢太酸的味道，可少加柠檬。

蜂蜜鲜藕汁

制作时间 10分钟　难易度 ★

主料

鲜藕	200克

调料

纯净水	100毫升
蜂蜜	适量

Tips

莲藕味甘，性寒，具有清热生津、凉血止血、消食止泻、开胃清热、预防内出血等功效，是妇女儿童、体弱多病者的上好滋补品。

做法

① 鲜藕去除泥沙，冲洗干净，切去两端，注意仔细冲洗空洞中的泥沙。

② 洗净的鲜藕削去外皮，切成2厘米见方的小块。

③ 将处理好的藕块放入榨汁机中，加入适量纯净水，搅打成汁，过滤。

④ 将榨好的藕汁倒入杯中，按照1杯鲜藕汁加1匙蜂蜜的比例调匀，稍加装饰即可。

主料

白萝卜、鲜藕	各100克

调料

纯净水、蜂蜜	各适量

做法

① 白萝卜除去表面泥沙，冲洗干净，切成小块。

② 鲜藕去除表面泥沙，冲洗干净，切掉两端，削去外皮，切成等大的小块。

③ 将处理好的所有主料分别放入榨汁机中，加入纯净水，搅打成汁，过滤。

④ 将榨好的白萝卜鲜藕汁倒入杯中，根据个人口味，调入适量蜂蜜即可。

白萝卜鲜藕汁

主料

芦笋	100克
西芹	50克

调料

柠檬汁、蜂蜜	各适量

做法

① 芦笋洗净，切成小段。

② 西芹剪去老叶，冲洗干净，切成小段。

③ 将处理好的芦笋、西芹分别放入榨汁机中，搅打成汁，过滤。

④ 将榨好的芦笋西芹汁倒入杯中，根据个人口味，加入适量柠檬汁、蜂蜜，调匀即可。

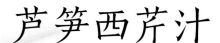

芦笋西芹汁

鲜姜黄瓜汁

制作时间
10 分钟

难易度
★

主料

小黄瓜	150克
姜汁	少许
柠檬	1/3个

调料

蜂蜜、冰水	各适量

做法

① 小黄瓜去蒂洗净，切成小段。

② 柠檬洗净，削去外皮，对半切开，去核，取汁。

③ 将处理好的小黄瓜放入榨汁机中，加入姜汁、冰水，一起搅打成汁，过滤。

④ 将榨好的蔬菜汁倒入玻璃杯中，根据个人口味，加入适量蜂蜜和柠檬汁，调匀，稍加装饰即可。

Tips

此种搭配制成的果蔬汁口味酸甜、微辣，爽口怡人，能有效促进机体新陈代谢，具有减肥抗衰、增强记忆力、辅助治疗失眠等功效。

胡萝卜汁

制作时间 10 分钟　难易度 ★

主料

胡萝卜	500克

调料

蜂蜜	1大匙
冰水	适量

做法

① 胡萝卜去除泥沙，冲洗干净，削去外皮，切成条状。

② 将处理好的胡萝卜条放入榨汁机中，加入适量冰水，搅打成汁，过滤。

③ 将榨好的胡萝卜汁倒入玻璃杯中，根据个人口味，加入适量蜂蜜，调匀，稍加装饰即可。

Tips

胡萝卜原产于亚洲的西南部，元末传入我国，故称胡萝卜，是春季和冬季的主要蔬菜之一。它是一种质脆味美、营养丰富的家常蔬菜，素有"小人参"之称。

胡萝卜中含有的大量胡萝卜素，有补肝明目、促进细胞生长、增强机体免疫力之功效。

胡萝卜生菜汁

制作时间 10 分钟 ｜ 难易度 ★

主料

胡萝卜、生菜	各150克
苹果	100克

调料

蜂蜜、柠檬汁	各适量

Tips

　　生菜味甘，性凉，其茎叶中含有莴苣素，有清热提神、镇痛催眠、降低胆固醇、辅助治疗神经衰弱等功效。此外，生菜中含有的甘露醇具有利尿、促进血液循环、清肝利胆之功效。

做法

① 胡萝卜去除泥沙，冲洗干净，削去外皮，切成小块。

② 苹果洗净，削皮去核，切成小块。

③ 生菜逐叶洗净，控干水分，撕成小片。

④ 将处理好的胡萝卜、苹果、生菜分别放入榨汁机中，搅打成汁，过滤。

⑤ 将榨好的鲜汁倒入玻璃杯中，根据个人口味，加入适量蜂蜜和柠檬汁，调匀即可。

胡萝卜黄瓜汁

制作时间
10 分钟

难易度
★

主料

胡萝卜	1根
黄瓜	1根

调料

核桃仁	20克
蜂蜜、纯净水	各适量

做法

① 胡萝卜去除泥沙，冲洗干净，削去外皮，切成小块。

② 黄瓜洗净，去蒂削皮，切成等大的小块。

③ 将处理好的胡萝卜、黄瓜分别放入榨汁机中，加入核桃仁和适量纯净水，一同搅打成汁，过滤。

④ 将榨好的鲜汁倒入玻璃杯中，根据个人口味，加入适量蜂蜜，调匀装饰即可。

Tips

　　黄瓜味甘甜，性凉，入脾、胃、大肠经，与胡萝卜搭配，具有清热解毒、利水利尿、去燥止渴、辅助减肥之功效。

百合圆白菜汁

制作时间
10 分钟

难易度
★

主料

百合（鲜品）	1个
圆白菜	2片

调料

纯净水	适量
蜂蜜	1小匙

做法

① 百合掰开，冲洗干净，待用。

② 圆白菜洗净，用清水略泡片刻，沥干水分，切成小块。

③ 将处理好的百合、圆白菜依次放入榨汁机中，加入适量纯净水，充分搅打成汁，过滤。

④ 将榨好的鲜汁倒入玻璃杯中，加入蜂蜜，调匀装饰即可。

Tips

百合除含有蛋白质、钙、磷、铁等营养素外，还含有秋水仙碱等多种生物碱。这些成分综合作用于人体，不仅具有良好的营养滋补之功，而且还对因秋季气候干燥而引起的多种季节性疾病有一定的防治作用，对病后虚弱者尤其有益。

第四章

综合果蔬汁

　　水果与蔬菜的完美结合，呈现各种神奇的颜色和味道，为你的身体提供丰富的维生素、矿物质、膳食纤维和各种所需氨基酸的同时，让你在感受美味中越来越苗条、健康。

排毒果蔬汁

主料

猕猴桃	50克
芹菜、菠菜、黄瓜	各30克

调料

柠檬汁	各20毫升
蜂蜜、碎冰	适量

做法

① 猕猴桃、菠萝分别洗净，削去外皮，切成小块；黄瓜洗净，去蒂，切成小块。

② 西芹择去老叶，冲洗干净，切成小段。

③ 将处理好的所有主料分别放入榨汁机中，加入蜂蜜、柠檬汁，榨汁过滤。

④ 将做好的果蔬汁倒入杯中，加适量碎冰，装饰即可。

苹果菠菜汁

主料

苹果	250克
菠菜	100克

调料

牛奶	50毫升
蜂蜜	适量

做法

① 苹果洗净，削皮去核，切成小块。

② 菠菜逐叶掰开，冲洗干净，切成小段。

③ 将处理好的苹果、菠菜放入榨汁机中，倒入牛奶，搅打成汁，过滤。

④ 将做好的果蔬汁倒入杯中，根据个人口味，调入适量蜂蜜即可。

莴苣苹果汁

主料

苹果	100克
莴苣	150克

调料

蜂蜜	1小匙
柠檬汁、冰水	各适量

做法

① 莴苣洗净，削去外部老皮，切成小块。

② 苹果洗净，削皮去核，切成同等大小的块。

③ 将处理好的苹果、莴苣分别放入榨汁机中，加入适量冰水，搅打成汁，过滤。

④ 将做好的果蔬汁倒入杯中，根据个人口味，加入适量柠檬汁、蜂蜜，调匀即可。

Tips

莴苣中的钾离子含量丰富，有利于调节体内电解质的平衡，具有利尿、降压、预防心律失常等功效。此外，莴苣还有增进食欲、刺激消化液分泌、促进胃肠蠕动等功能。

苹果番茄汁

制作时间
10 分钟

难易度
★

主料

苹果	2个
番茄	2个

调料

柠檬汁	适量
蜂蜜	1大匙

Tips

　　苹果和番茄中所含的果胶都属于水溶性纤维，二者混合搭配，具有生津止渴、健胃消食、凉血平肝、清热解毒之功效，对预防老年人心血管疾病也有很好的效果。

做法

① 苹果洗净，削皮去核，切成小块。

② 番茄洗净，去蒂，切成等大的小块。

③ 将所有处理好的主料分别放入榨汁机中，搅打成汁，过滤。

④ 将做好的果蔬汁倒入玻璃杯中，依次加入柠檬汁、蜂蜜，调匀装饰即可。

猕猴桃蔬菜汁

制作时间
10 分钟

难易度
★

主料

| 猕猴桃 | 2个 |
| 黄瓜、圆白菜 | 各100克 |

调料

| 柠檬汁、蜂蜜 | 各1小匙 |
| 碎冰 | 少许 |

做法

① 猕猴桃洗净，削去外皮，切成小块。

② 圆白菜洗净，用清水略泡片刻后，沥干水分，切成小块。

③ 黄瓜洗净，去蒂，切成小块。

④ 将所有处理好的主料分别放入榨汁机中，搅打成汁，过滤。

⑤ 将做好的果蔬汁倒入玻璃杯中，加入柠檬汁、蜂蜜和适量碎冰，调匀装饰即可。

Tips

此种搭配制成的果蔬汁中蛋白分解酶的含量非常丰富，有利于午饭过后的胃部蠕动，从而促进消化，还可放松工作时的紧张心情。

美肌橙子汁

制作时间 10分钟　难易度 ★

主料

胡萝卜、橙子	各50克
猕猴桃	30克
枸杞子	10克

调料

珍珠粉	1小匙
纯净水	适量

做法

① 枸杞子洗净，泡软，备用。

② 猕猴桃、胡萝卜分别洗净，削去外皮，切成小块。

③ 橙子洗净，削皮去核，切成小块。

④ 将所有处理好的主料分别放入榨汁机中，加入珍珠粉和适量纯净水，搅打成汁，过滤。

⑤ 将做好的果蔬汁倒入杯中，适当装饰即可。

Tips

　　此种搭配制成的果蔬汁含有丰富的维生素C和胡萝卜素，可抑制黑色素的形成，还能软化血管，促进血液循环，使肌肤红润白皙。

柠檬西瓜汁

主料

西瓜、菠萝	各50克
柠檬	半个
油菜	少许

调料

碎冰	适量

做法

① 油菜择洗干净，切成小段。

② 西瓜、菠萝分别洗净，去除外皮，分切成小块。

③ 柠檬洗净，削去外皮，切取一半，去核，切成小块。

④ 将所有处理好的主料依次放入榨汁机中，搅打成汁，过滤。

⑤ 将做好的果蔬汁倒入玻璃杯中，加入适量碎冰即可。

Tips

柠檬是天然的美容佳品，拥有"护肤皇后"之美誉。它富含维生素C、B族维生素等营养成分，使其抗氧化和美白之功效大幅增强。

木瓜鲜姜汁

主料

木瓜	250克
鲜姜	50克

调料

冰水、蜂蜜	各适量

做法

① 鲜姜洗净，削去外皮，切成薄片。

② 木瓜洗净，削皮去瓤，切成小块。

③ 将处理好的鲜姜、木瓜分别放入榨汁机中，加入适量冰水，搅打成汁，过滤。

④ 将做好的果蔬汁倒入玻璃杯中，根据个人口味，加入适量蜂蜜，调匀即可。

鲜姜橘子汁

主料

橘子	2个
鲜姜	50克
苹果	100克

调料

蜂蜜、冰水、冰块	各适量

做法

① 鲜姜洗净，削去外皮，切成薄片。

② 橘子洗净，剥皮去核。

③ 苹果洗净，削皮去核，切成小块。

④ 将所有处理好的主料分别放入榨汁机中，倒入适量冰水，搅打成汁，过滤。

⑤ 将做好的果蔬汁倒入杯中，加入适量蜂蜜和冰块，调匀装饰即可。

黄瓜橙子汁

制作时间
10 分钟

难易度
★

主料

橙子	1个
柠檬	半个
小黄瓜、胡萝卜	各半根

调料

蜂蜜	适量

做法

① 小黄瓜洗净，去掉有苦味的头和尾，切成小段；胡萝卜洗净，削去外皮，切成小块。

② 柠檬洗净，削去外皮，切取一半，去核，切成小块。

③ 橙子洗净，剥皮去核，切成小块。

④ 将处理好的所有主料依次放入榨汁机中，搅打成汁，过滤。

⑤ 将做好的果蔬汁倒入玻璃杯中，根据个人口味，加入适量蜂蜜，调匀即可。

Tips

此种搭配制成的果蔬汁中含有丰富的果胶，具有促进肠道蠕动、加快食物消化、美容养颜等功效。

香梨胡萝卜汁

制作时间 10 分钟　难易度 ★

主料

梨	2个
胡萝卜	半根
苹果	半个

调料

蜂蜜、碎冰	各适量

Tips

熟透的梨中含有丰富的油酸，对恢复干枯头发的光泽有重要作用。其与胡萝卜、苹果搭配，对护发、养发均有较佳效果。

做法

① 苹果洗净，削去外皮，取其一半，挖去果核，切成2厘米见方的小块。

② 梨洗净，削去外皮，对半切开，去核，切成等大的小块。

③ 胡萝卜洗净，削去外皮，切成同等大小的块。

④ 将处理好的所有主料分别放入榨汁机中，搅打成汁，过滤。

⑤ 将做好的果蔬汁倒入杯中，加入适量蜂蜜和碎冰，调匀即可。

主料

番茄	1个
草莓	100克

调料

蜂蜜	1大匙
柠檬汁、碎冰	适量

做法

① 番茄洗净，去蒂削皮，切成小块。

② 草莓洗净，切去蒂部，对半切开。

③ 将处理好的番茄、草莓分别放入搅拌机中，搅打成汁。

④ 将做好的果蔬汁倒入杯中，加入适量蜂蜜、柠檬汁和碎冰，调匀装饰即可。

草莓番茄汁

香瓜胡萝卜汁

主料

香瓜	200克
胡萝卜	100克

调料

蜂蜜、柠檬汁	各适量

做法

① 胡萝卜去除泥沙，冲洗干净，削皮，切成小块。

② 香瓜洗净，削皮去瓤，切成等大的小块。

③ 将处理好的胡萝卜、香瓜分别放入榨汁机中，搅打成汁，过滤。

④ 将做好的果蔬汁倒入杯中，加入适量蜂蜜和柠檬汁，调匀装饰即可。

青苹果西芹汁

制作时间
10分钟

难易度
★

主料

青苹果	150克
西芹	60克
小黄瓜、苦瓜、青椒	各适量

调料

蜂蜜、冰水、碎冰	各适量

Tips

西芹具有安定情绪、舒缓内心焦虑、降压等作用，与苹果、小黄瓜、苦瓜、青椒搭配，清凉解暑，还能补充体内所需维生素和矿物质，使精力充沛，增强体质。

做法

① 青苹果洗净，削皮去核，切成小块。

② 西芹摘除老叶，冲洗干净，切成小段。

③ 小黄瓜、苦瓜洗净，切去蒂部，切成小块。

④ 青椒洗净，去籽，掰成小块。

⑤ 将所有处理好的主料分别放入榨汁机中，加入适量冰水，搅打成汁，过滤。

⑥ 将做好的果蔬汁倒入杯中，根据个人口味，加入适量蜂蜜、碎冰，调匀即可。

蔬菜苹果汁

制作时间
10 分钟

难易度
★

主料

苹果	2个
圆白菜	200克
西芹	1颗

调料

冰水、碎冰	各适量

做法

① 圆白菜洗净，用清水略泡片刻后，沥干水分，切成小块。

② 苹果洗净，削皮去核，切成小块。

③ 西芹去除泥沙，冲洗干净，切成小段。

④ 将所有处理好的主料分别放入榨汁机中，倒入适量冰水，搅打成汁，过滤。

⑤ 将做好的果蔬汁倒入玻璃杯中，投入适量碎冰即可。

Tips

　　圆白菜含有丰富的维生素A、钙和磷等营养物质，具有促进骨骼发育、防止骨质疏松等功效。所以，常食圆白菜有利于儿童生长发育和老年人强健骨骼，对促进血液循环也有很大的好处。

黄瓜鲜梨汁

制作时间 10分钟　　难易度 ★

主料

梨	100克
小黄瓜	150克

调料

蜂蜜	1小匙
柠檬汁、冰水	各适量

Tips

　　为了预防农药残留对人体的伤害，在处理黄瓜时，可先将其放入盐水中泡15分钟左右，再用清水洗净。

　　用盐水泡黄瓜时，切勿掐头去根，以免营养素在浸泡的过程中从切面流失。

做法

① 小黄瓜洗净，切去蒂部，再切成小段。

② 梨洗净，削皮去核，切成小块。

③ 将处理好的小黄瓜、梨分别放入榨汁机中，加入适量冰水，搅打成汁，过滤。

④ 将做好的果蔬汁倒入玻璃杯中，根据个人口味，加入适量蜂蜜和柠檬汁，调匀，稍加装饰即可。

莲藕苹果汁

制作时间 10分钟
难易度 ★

主料

苹果	1个
莲藕	150克

调料

柠檬汁	1大匙
纯净水	适量

做法

① 莲藕去除泥沙，冲洗干净，切去两端，削皮切成小块。

② 苹果洗净，削皮去核，切成等大的小块。

③ 将处理好的莲藕、苹果分别放入榨汁机中，加入纯净水，搅打成汁，过滤。

④ 将榨好的果蔬汁倒入玻璃杯中，根据个人口味，加入柠檬汁，调匀装饰即可。

Tips

此种搭配制成的果蔬汁内含丰富的维生素B_1、维生素B_2、维生素C、果胶、铁、钙等营养物质，对热病所致的口干舌燥、咽喉肿痛有一定疗效。

莲藕甘蔗汁

制作时间
10分钟

难易度
★

主料

| 莲藕 | 50克 |
| 甘蔗 | 150克 |

调料

| 苹果醋、纯净水 | 各适量 |

Tips

莲藕中含有对人体有益的黏液蛋白和膳食纤维，能与人体内胆酸盐和食物中的胆固醇结合，促使其从体内排出，进而减少人体对脂类的吸收。

做法

① 莲藕去除泥沙，冲洗干净，切去两端，削去外皮，切成小块。

② 甘蔗洗净，削去外皮，切成细条。

③ 将处理好的莲藕、甘蔗分别放入榨汁机中，加入适量纯净水，搅打成汁，过滤。

④ 将榨好的果蔬汁倒入玻璃杯中，根据个人口味，加入适量苹果醋，调匀即可。

菠萝西芹汁

制作时间
10 分钟

难易度
★

主料

菠萝	500克
西芹	200克

调料

鲜姜	50克
蜂蜜、冰水	各适量

做法

① 菠萝洗净，削去外皮，对半切开，切除中间硬心，在淡盐水中浸泡片刻，捞出沥水，再切成小块。

② 西芹择去老叶，冲洗干净，切成小段。

③ 鲜姜洗净，削去外皮，切片。

④ 将处理好的主料分别放入榨汁机中，加入适量鲜姜片和冰水，充分搅打成汁，过滤。

⑤ 将榨好的果蔬汁倒入玻璃杯中，根据个人口味，加入适量蜂蜜，调匀装饰即可。

Tips

菠萝性平，味甘、微酸，含有大量的果糖、葡萄糖、磷、柠檬酸和蛋白酶等营养物质，具有清暑解渴、消食止泻、补脾胃、固元气、益气血、消食祛湿、养颜瘦身等功效。

菠萝油菜汁

制作时间 10 分钟　　难易度 ★

主料

菠萝	半个
油菜	50克

调料

纯净水、柠檬汁	各适量

Tips

此种搭配制成的果蔬汁，口感清爽宜人，富含人体所需的B族维生素、维生素C和钙等营养物质。长期饮用，可辅助治疗便秘，防止形成黑斑、雀斑，对易患湿疹的儿童也有特殊疗效。

做法

① 菠萝洗净，削去外皮，对半切开，切除中间硬心，在淡盐水中浸泡片刻，捞出沥水，再切成小块。

② 油菜择去老叶，冲洗干净，切成小段。

③ 将处理好的菠萝、油菜分别放入榨汁机中，倒入适量纯净水，充分搅打成汁，过滤。

④ 将榨好的果蔬汁倒入玻璃杯中，根据个人口味，加入适量柠檬汁，调匀即可。

生菜梨汁

制作时间
10 分钟

难易度
★

主料

梨	1个
生菜	1棵

调料

蜂蜜	1大匙
柠檬汁、冰块	各适量

做法

① 生菜掰开，分别洗净，切成小段。

② 梨洗净，削皮去核，切成2厘米见方的小块。

③ 将处理好的生菜、梨分别放入榨汁机中，搅打成汁，过滤。

④ 将做好的果蔬汁倒入玻璃杯中，根据个人口味，加入适量蜂蜜、柠檬汁和冰块，调匀，稍加装饰即可。

Tips

此种搭配制成的果蔬汁，清凉爽口，可润肺止咳、清热解渴，还可补充人体所需的各种微量元素。

菠萝胡萝卜汁

主料

菠萝	150克
胡萝卜	100克

调料

冰水、蜂蜜、柠檬汁	各适量

做法

① 胡萝卜洗净，削去外皮，切成小块。

② 菠萝洗净，削去外皮，对半切开，切除中间硬心，在淡盐水中浸泡片刻，捞出沥水，再切成小块。

③ 将处理好的所有主料分别放入榨汁机中，加入适量冰水，搅打成汁，过滤。

④ 将榨好的果蔬汁倒入玻璃杯中，调入适量蜂蜜和柠檬汁即可。

胡萝卜生菜汁

主料

胡萝卜、生菜	150克
苹果	100克

调料

蜂蜜、柠檬汁	各适量

做法

① 胡萝卜洗净，削去外皮，切成小块。

② 苹果洗净，削皮去核，切成等大的小块。

③ 生菜洗净，稍泡片刻，沥干水分，掰成小块。

④ 将所有处理好的主料分别放入榨汁机中，搅打成汁，过滤。

⑤ 将榨好的果蔬汁倒入玻璃杯中，加入适量蜂蜜和柠檬汁，调匀即可。

美颜胡萝卜汁

制作时间
10 分钟

难易度
★

主料

菠萝	300克
木瓜、胡萝卜	各200克

调料

柠檬汁、冰块	各适量

做法

① 胡萝卜去除泥沙，洗净，削皮，切成小块。

② 菠萝洗净，削去外皮，对半切开，切除中间硬心，在淡盐水中浸泡片刻，捞出沥水，再切成小块。

③ 木瓜洗净，削皮去瓤，切成小块。

④ 将处理好的胡萝卜、木瓜、菠萝分别放入榨汁机中，根据个人口味，加入适量柠檬汁，充分搅打均匀，过滤。

⑤ 将榨好的果蔬汁倒入玻璃杯中，投入适量冰块，稍加装饰即可。

Tips

　　此种搭配制成的果蔬汁鲜香爽口，具有补益脾肾、益气和胃、补肝明目、促进细胞生长、增强机体免疫力等功效。

胡萝卜西瓜汁

制作时间
10 分钟

难易度
★

主料

胡萝卜	200克
西瓜	200克

调料

柠檬汁、碎冰	各适量

Tips

　　此种搭配制成的果蔬汁色泽红润，味甜微酸，具有清热解暑、除烦止渴、健脾消食等功效，还可缓解急性热病之发烧、口渴症。

做法

① 西瓜洗净，切皮去种，切成小块。

② 胡萝卜去除泥沙，冲洗干净，削去外皮，切成等大的小块。

③ 将处理好的西瓜、胡萝卜分别放入榨汁机中，充分搅打成汁，过滤。

④ 将榨好的果蔬汁倒入玻璃杯中，根据个人口味，加入适量柠檬汁，调匀，投入少量碎冰，稍加装饰即可。

胡萝卜柳橙汁

制作时间
10 分钟

难易度
★

主料

胡萝卜	200克
柳橙	1个

调料

蜂蜜、碎冰	各适量

做法

① 胡萝卜去除泥沙，冲洗干净，削去外皮，切成小块。

② 柳橙洗净，削去外皮，去核取肉，切成等大的小块。

③ 将处理好的柳橙、胡萝卜分别放入榨汁机中，充分搅打成汁，过滤。

④ 将榨好的果蔬汁倒入玻璃杯中，根据个人口味，加入适量蜂蜜，调匀，投入碎冰即可。

Tips

柳橙中含有丰富的膳食纤维，以及人体所需的多种维生素、磷、苹果酸等营养成分，不但可以美白养颜，还能抗氧化、增强人体免疫力、抑制癌细胞生长。

胡萝卜香瓜汁

制作时间 25 分钟

难易度 ★★★

主料

香瓜	200克
胡萝卜	150克
柳橙	1个

调料

蜂蜜	适量
纯净水	100克

做法

① 香瓜洗净，削去外皮，用小勺挖去内瓤，切成小块。

② 胡萝卜去除泥沙，冲洗干净，削去外皮，切成薄片；柳橙洗净，削皮去种，切成小块。

③ 将处理好的香瓜、胡萝卜、柳橙分别放入榨汁机中，加入纯净水，充分搅打成汁，过滤。

④ 将榨好的果蔬汁倒入玻璃杯中，根据个人口味，调入适量蜂蜜，稍加装饰即可。

Tips

　　香瓜中富含胡萝卜素、B族维生素、维生素C等营养物质，有美容护肤之功效。与柳橙、胡萝卜搭配成汁，具有改善皮肤粗糙、淡化黄褐斑等疗效。

特点功效

· 香瓜也叫甜瓜。选择香瓜时，以闻起来清香扑鼻，吃起来口感香甜者为佳。

· 表面干瘪、发皱的胡萝卜不能选用。

茼蒿菠萝汁

制作时间
10 分钟

难易度
★

主料

茼蒿	150克
圆白菜	50克
菠萝	100克

调料

柠檬汁、纯净水	各适量

Tips

此种搭配制成的果蔬汁，含有丰富的膳食纤维，可促进肠胃蠕动、利肠通便，进而起到排除体内毒素的作用。

做法

① 茼蒿择去老叶，逐叶洗净，切成小段。

② 圆白菜洗净，用清水稍泡片刻，切成小片。

③ 菠萝洗净，削去外皮，对半切开，切除中间硬心，在淡盐水中浸泡片刻，捞出沥水，再切成小块。

④ 将所有处理好的主料分别放入榨汁机中，加入适量纯净水，充分搅打成汁，过滤。

⑤ 将榨好的果蔬汁倒入玻璃杯中，根据个人口味，加入适量柠檬汁，调匀即可。

维他命果蔬汁

制作时间
10 分钟

难易度
★

主料

番茄、胡萝卜	各150克
西芹、柳橙	各50克

调料

蜂蜜、碎冰	各适量

做法

① 胡萝卜去除泥沙，冲洗干净，削去外皮，切成薄片。

② 番茄洗净，切去蒂部，用开水烫一下，剥去外皮，切成小块。

③ 西芹择除老叶，冲洗干净，切成小段。

④ 柳橙洗净，削皮去种，切成小块。

⑤ 将处理好的所有主料分别放入榨汁机，充分搅打成汁，过滤。

⑥ 将榨好的果蔬汁倒入果汁杯中，加入适量蜂蜜、碎冰，调匀即可。

Tips

番茄中所含的番茄红素对心血管有很好的保护作用，可有效减少心脏病的发病几率。

番茄菠萝汁

制作时间 10分钟　难易度 ★

主料

番茄	200克
菠萝	200克

调料

蜂蜜、冰水	各适量

Tips

　　菠萝原产于南美洲巴西、巴拉圭的亚马孙河流域一带，16世纪从巴西传入中国。菠萝肉色金黄，香味浓郁，甜酸适口，清脆多汁，广受人们的欢迎。

做法

① 菠萝洗净，削去外皮，对半切开，切除中间硬心，在淡盐水中浸泡片刻，捞出沥水，再切成小块。

② 番茄洗净，切去蒂部，用开水烫一下，剥去外皮，切成小块。

③ 将处理好的所有主料分别放入榨汁机中，加入适量冰水，充分搅打成汁，过滤。

④ 将榨好的果蔬汁倒入玻璃杯中，根据个人口味，加入适量蜂蜜，调匀装饰即可。

番茄苹果汁

制作时间 10 分钟 | 难易度 ★

主料

番茄	250克
苹果	150克

调料

柠檬汁	50毫升
乳酸饮料	适量

做法

① 番茄洗净，切去蒂部，用开水烫一下，剥去外皮，切成小块。

② 苹果洗净，削皮去核，切成小块。

③ 将处理好的番茄、苹果分别放入榨汁机中，充分搅打成汁，过滤。

④ 将榨好的果蔬汁倒入玻璃杯中，根据个人口味，加入适量柠檬汁、乳酸饮料，调匀，稍加装饰即可。

Tips

苹果富含果糖、葡萄糖、维生素A、维生素C等营养素，与番茄搭配，具有加速肠道蠕动、改善身体机能、清洁消化道、促进食物消化等功效。

番茄马蹄饮

制作时间 10 分钟　　难易度 ★

主料

番茄	200克
马蹄	200克

调料

蜂蜜	1大匙
碎冰	适量

做法

① 马蹄洗净，削去外部硬皮，切成小块。

② 番茄洗净，切去蒂部，用开水烫一下，剥去外皮，切成小块。

③ 将处理好的番茄、马蹄分别放入榨汁机中，充分搅打成汁，过滤。

④ 将榨好的果蔬汁倒入玻璃杯中，根据个人口味，加入适量蜂蜜、碎冰，调匀，稍加装饰即成。

Tips

荸荠（马蹄），皮色紫黑，肉质洁白，味甜多汁，清脆可口，既可做水果生吃，又可做蔬菜食用，是一种不可多得的营养食材。它含有丰富的蛋白质、粗纤维、B族维生素、维生素C、铁、钙、磷等营养物质，具有开胃消食、预防急性传染病等功效。

活力果蔬汁

主料

菠萝	2个
西芹	1根
胡萝卜	20克

调料

盐	1/4小匙
蜂蜜、纯净水	各适量

做法

① 西芹择除老叶，冲洗干净，切成小段。

② 菠萝洗净，削去外皮，对半切开，切除中间硬心，在淡盐水中浸泡片刻，捞出沥水，再切成小块。

③ 胡萝卜去除泥沙，冲洗干净，削去外皮，切成条状。

④ 将处理好的所有主料分别放入榨汁机中，加入适量纯净水，搅打成汁，过滤。

⑤ 将榨好的果蔬汁倒入玻璃杯中，加入盐、蜂蜜，调匀装饰即可。

Tips

西芹中富含多种纤维素，与菠萝和胡萝卜混合搭配成汁，具有安定情绪、预防氧化、降压、促进胃肠蠕动等功效。

菠萝苦瓜汁

制作时间
10分钟

难易度
★

主料

番茄	1个
菠萝	1/4个
苦瓜	半根

调料

蜂蜜	适量

做法

① 番茄洗净，切去蒂部，用开水烫一下，剥去外皮，切成小块。

② 菠萝洗净，削去外皮，对半切开，切除中间硬心，在淡盐水中浸泡片刻，捞出沥水，再切成小块。

③ 苦瓜洗净，切去蒂部，挖去内瓤，切成小块。

④ 将所有处理好的主料分别加入榨汁机中，充分搅打成汁，过滤。

⑤ 将榨好的果蔬汁倒入玻璃杯中，加入适量蜂蜜，调匀即可。

Tips

菠萝性平，味甘酸，含有大量的果糖、葡萄糖、维生素、磷、柠檬酸和蛋白酶等营养物质，与番茄、苦瓜搭配，具有清暑解渴、消食止泻、清热解毒、益气血、祛湿、养颜瘦身等功效。

菠萝西芹汁

制作时间
10分钟

难易度
★

主料

西芹	50克
菠萝	1/4个

调料

蜂蜜	1小匙
柠檬汁、碎冰	各适量

做法

① 西芹择除老叶，冲洗干净，切成小段。

② 菠萝洗净，削去外皮，对半切开，切除中间硬心，在淡盐水中浸泡片刻，捞出沥水，再切成小块。

③ 将所有处理好的西芹、菠萝分别放入榨汁机中，充分搅打成汁，过滤。

④ 将榨好的果蔬汁倒入玻璃杯中，根据个人口味，调入适量蜂蜜、柠檬汁，投入碎冰即可。

Tips

此种搭配制成的果蔬汁富含抗氧化的维生素和微量元素，能增强体力、缓解疲劳。其所含的维生素C、柠檬酸和蛋白酶等营养物质，具有增进食欲、帮助消化、促进肠蠕动等功效，还可防止坏血病，对牙龈出血、贫血、血管脆弱也有辅助疗效。

西芹青椒汁

主料

西芹、青椒	100克
菠萝	50克

调料

蜂蜜、柠檬汁	各适量

做法

① 西芹择去老叶，冲洗干净，切成小段。

② 青椒洗净，去除蒂和内瓤，掰成小块。

③ 菠萝洗净，削去外皮，对半切开，切除中间硬心，在淡盐水中浸泡片刻，捞出沥水，再切成小块。

④ 将处理好的主料分别放入榨汁机中，榨汁过滤，倒入杯中，调入适当蜂蜜和柠檬汁，装饰即可。

西芹香橙汁

主料

西芹	100克
香橙	1个

调料

牛奶	50毫升

做法

① 西芹择去老叶，冲洗干净，切成小段。

② 香橙洗净，削皮去核，切成小块。

③ 将处理好的西芹、香橙分别放入榨汁机中，充分搅打成汁，过滤。

④ 将榨好的果蔬汁倒入玻璃杯中，调入牛奶，稍加装饰即可。

主料

西芹、苹果　　　　　　　　　各50克

调料

蜂蜜、柠檬汁　　　　　　　　各适量

做法

① 苹果洗净，削皮去核，切成小块。

② 西芹择去老叶，冲洗干净，切成小段。

③ 将处理好的主料分别放入榨汁机中，充分搅打成汁，过滤。

④ 将榨好的果蔬汁倒入玻璃杯中，根据个人口味，加入适量蜂蜜和柠檬汁，调匀装饰即可。

西芹苹果汁

主料

| 西芹 | 150克 |
| 芦荟 | 100克 |

调料

蜂蜜、柠檬汁　　　　　　　　各适量

做法

① 西芹择去老叶，冲洗干净，切成小段。

② 芦荟洗净，削去外部硬皮，切成小段。

③ 将处理好的西芹、芦荟分别放入榨汁机中，充分搅打成汁，过滤。

④ 将榨好的果蔬汁倒入玻璃杯中，调入适量蜂蜜和柠檬汁，稍加装饰即可。

西芹芦荟汁

蔬果酸奶

制作时间
25 分钟

难易度
★ ★ ★

主料

酸奶	150克
西芹	30克
苹果	1个

调料

蜂蜜	适量

做法

① 西芹取鲜嫩茎叶，冲水洗净，切成小段。

② 苹果洗净，削皮去核，切成小块。

③ 将处理好的苹果、西芹混合。

④ 将酸奶倒入杯中，一同搅打均匀，过滤成汁，倒入杯中，根据个人口味，调入适量蜂蜜即可。

Tips

西芹具有镇静安神、平肝降压、养血补虚、利尿消肿等功效；苹果对消除人体疲劳效果甚佳。两者与酸奶混合制成饮品，能清热除烦、安神助眠、降低血压、美容瘦身。

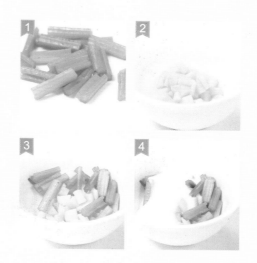

特点功效

· 在挑选西芹时，必须选用新鲜的茎叶，而表面有黄锈斑的最好不要选用。

· 苹果有酸甜口味之分，可根据个人喜好选择。

降压酸奶

制作时间 25分钟

难易度 ★★★

主料

酸奶	200克
西芹	25克
番茄	50克

调料

蜂蜜	10克

做法

① 西芹取鲜嫩茎叶，冲水洗净，切成小段。

② 番茄洗净，切去蒂部，用开水烫一下，剥去外皮，切成小块。

③ 将处理好的西芹、番茄分别放入榨汁机中。

④ 将酸奶倒在西芹、番茄中，一同充分搅打，过滤成汁，倒入杯中，根据个人口味，调入蜂蜜即可。

Tips

1.发酵好的酸奶能将牛奶中的乳糖和蛋白质分解，使人体更容易消化和吸收。

2.酸奶有促进胃液分泌、提高食欲、促进和加强消化的功效。

3.酸奶中的乳酸菌能减少某些致癌物质的产生，因而具有防癌作用。

4.酸奶能抑制肠道内腐败菌的繁殖，并减弱腐败菌在肠道内产生的毒素。

5.酸奶有降低胆固醇的作用，特别适宜高血脂的人饮用。

特点功效

· 很多人认为，酸奶越稠越好，其实不然。大多很稠的酸奶只是因为在制作过程中加入了各种增稠剂，如果胶、明胶等，虽然能提升口感，但营养成分并无多大差异。

瘦身蔬菜奶昔

制作时间 25分钟　难易度 ★★★

主料

牛奶	250克
黄瓜、西芹	各50克
开心果仁	20克

调料

薄荷叶	5克
蜂蜜	适量

做法

① 黄瓜洗净去蒂；西芹择去老叶，洗净；薄荷叶洗净，控干水分，与黄瓜、西芹分别切成小段。

② 将开心果仁放入搅拌机的碾磨杯内打成碎末。

③ 将处理好的黄瓜、西芹和薄荷叶分别放入搅拌机中，倒入牛奶和蜂蜜，搅打均匀。

④ 将做好的奶昔倒入杯中，撒上开心果仁碎，稍加装饰即可。

西芹枸杞汁

制作时间 10 分钟　难易度 ★

主料

西芹	20克
枸杞子	1小匙
苹果	半个

调料

蜂蜜、纯净水	各适量

做法

① 枸杞子洗净，泡软，备用。

② 西芹择除老叶，冲洗干净，切成小段。

③ 苹果洗净，削皮去核，取其一半，切成小块。

④ 将处理好的所有主料依次放入榨汁机中，加少量纯净水，榨汁过滤。

⑤ 将榨好的果蔬汁倒入杯中，加入适量蜂蜜，调匀即可。

Tips

　　西芹富含膳食纤维，枸杞有补血造血之功，苹果可健胃消食。三者混合成汁，对用眼过度的脑力劳动者有较好的补气明目之功效。

芦笋苹果汁

制作时间
10 分钟

难易度
★

主料

苹果	半个
柠檬	半个
芦笋	100克

调料

蜂蜜	1小匙
苹果醋	适量

做法

① 芦笋洗净，切成1厘米左右的小段。

② 苹果洗净，削皮去核，取其一半，切成小块。

③ 柠檬洗净，削去外皮，切取一半，去核，切成小块。

④ 将处理好的苹果、芦笋、柠檬分别放入榨汁机中，加入苹果醋，充分搅打成汁，过滤。

⑤ 将榨好的果蔬汁倒入玻璃杯中，加入蜂蜜，调匀即可。

Tips

　　芦笋所含的蛋白质中具有人体必需的各种氨基酸，可有效增进食欲、促进消化，与苹果、柠檬搭配，具有保健养生、改善疲劳、美容养颜之功效。

红薯牛奶汁

制作时间 10 分钟

难易度 ★

主料

红薯	80克
西柚	半个
牛奶	250毫升

调料

蜂蜜	2小匙

做法

① 红薯洗净，用铝箔纸包住，入微波炉中加热约 2分钟，切成小块。

② 西柚洗净，剥皮去核，取肉，切成小块。

③ 将处理好的所有主料分别放入榨汁机中，加入 牛奶，充分搅打成汁，过滤。

④ 将榨好的果蔬汁倒入玻璃杯中，放入蜂蜜，调 匀即可。

Tips

红薯能补脾益气、宽肠通便、生津止渴；西柚富含芦丁和维生素C，能美容、解毒。二者混合成汁，既可通便顺肠，又可美容养颜。

莴笋果蔬汁

制作时间 10 分钟

难易度 ★

主料

莴笋	100克
西芹	50克
小西红柿	5个
苹果	半个

调料

纯净水	适量
小麦胚芽粉	1大匙

做法

① 莴笋洗净，削去外皮，切成小块。

② 小西红柿洗净，去蒂，对半切开。

③ 西芹取鲜嫩茎叶，冲水洗净，切成小段。

④ 苹果洗净，削皮去核，取其一半，切成小块。

⑤ 将处理好的所有主料依次放入榨汁机中，加入适量纯净水，榨汁过滤。

⑥ 将榨好的果蔬汁倒入玻璃杯中，加入小麦胚芽粉，混合调匀即可。

Tips

莴笋含有非常丰富的氟元素，可参与牙和骨的生长，对人体基础代谢和体格发育，甚至情绪调节都有很大的帮助。

第五章

果蔬茶饮

　　茶饮养生，不受时间、场地的限制，既可以在办公室冲泡，又可将食材按照配方制成小茶包，在旅途中也可以享受饮茶的乐趣。本章为您精心推荐多种茶饮，让您喝得美味，喝出健康！

金橘蜜红茶

主料

热红茶	1杯
鲜金橘	2~3个

调料

蜂蜜	20毫升

做法

① 金橘洗净，去蒂，切成小薄片，备用。

② 将金橘片放入玻璃杯中，倒入热红茶浸泡片刻。

③ 饮用前，根据个人口味，调入蜂蜜即可。

综合热水果茶

主料

热红茶	1杯
苹果、金橘、猕猴桃、柠檬	各适量

调料

冰糖	适量

做法

① 苹果洗净，削皮去核，切成小块。

② 猕猴桃洗净，削皮，切成小块。

③ 金橘、柠檬分别洗净，切去蒂部，再切成小片。

④ 将所有处理好的水果放入杯中，冲入热红茶，稍泡片刻。

⑤ 饮用前，根据个人口味，加入适量冰糖即可。

主料

热红茶	1杯
柠檬	2~3片

主料

冰糖	适量

做法

① 柠檬洗净，切去蒂部，再切成小片。

② 将所有处理好的柠檬片放入杯中，冲入热红茶，稍泡片刻。

③ 饮用前，根据个人口味，加入适量冰糖即可。

热柠檬红茶

主料

热红茶	1杯
鲜柚子	100克

调料

蜂蜜	适量

做法

① 柚子洗净，剥皮去核，切成小块。

② 将处理好的鲜柚放入杯中，冲入热红茶，稍泡片刻。

③ 饮用前，根据个人口味，加入适量蜂蜜即可。

鲜柚蜜茶

龙眼蜜茶

主料

热红茶	1杯
鲜龙眼	50克

调料

蜂蜜	适量

做法

① 龙眼洗净,剥去外壳,去核取肉。

② 将处理好的龙眼肉放入杯中,冲入热红茶,稍泡片刻。

③ 饮用前,根据个人口味,加入适量蜂蜜即可。

柠檬薰衣草茶

主料

薰衣草	15克
柠檬	1片

调料

蜂蜜	适量

做法

① 将薰衣草茶用开水冲泡开。

② 柠檬洗净,切去蒂部,再切成小片。

③ 将处理好的柠檬片放入冲好的薰衣草茶中,稍泡片刻,调入适量蜂蜜即可。

主料

迷迭香草茶	15克
柠檬	适量

调料

蜂蜜	适量

做法

① 将迷迭香草茶用开水冲泡开。

② 柠檬洗净，切去蒂部，再切成小片。

③ 将处理好的柠檬片放入冲好的迷迭香草茶中，稍泡片刻，调入蜂蜜即可。

迷迭香草茶

主料

洋甘菊	15克
柠檬	适量

调料

冰糖	20克

做法

① 将洋甘菊茶用开水冲泡开。

② 柠檬洗净，切去蒂部，再切成小片。

③ 将处理好的柠檬片放入冲好的洋甘菊茶中，稍泡片刻，加入冰糖即可。

洋甘菊茶

马鞭草茶

主料

马鞭草	15克
柠檬	适量

调料

冰糖	20克

做法

① 将马鞭草茶用开水冲泡开。

② 柠檬洗净，切去蒂部，再切成小片。

③ 将处理好的柠檬片放入冲好的马鞭草茶中，稍泡片刻，加入冰糖即可。

蓝莓茶

主料

蓝莓茶	15克
柠檬	适量

调料

冰糖	20克

做法

① 将蓝莓茶用开水冲泡开。

② 柠檬洗净，切去蒂部，切成小片。

③ 将处理好的柠檬片放入冲好的蓝莓茶中，稍泡片刻，加入冰糖即可。

主料

柠檬茶	15克
柠檬	适量

调料

冰糖	20克

做法

① 将柠檬茶用开水冲泡开。

② 柠檬洗净，切去蒂部，切成小片。

③ 将处理好的柠檬片放入冲好的柠檬茶中，稍泡片刻，加入冰糖即可。

柠檬茶

主料

牛奶	100毫升
草莓粉	40克
热红茶	20毫升

主料

冰糖	适量

做法

① 将牛奶加热，备用。

② 在加热好的牛奶中放入草莓粉、热红茶，调匀。

③ 在饮用前，加入冰糖，搅拌均匀即可。

草莓奶茶

蓝橙奶茶

主料

牛奶	100毫升
蓝香橙	30毫升
热红茶	20毫升

调料

冰糖	适量

做法

① 将牛奶加热，备用。

② 在加热好的牛奶中放入蓝香橙、热红茶，调匀。

③ 在饮用前，加入冰糖，搅拌均匀即可。

蜜瓜奶茶

主料

牛奶	100毫升
蜜瓜粉	40克
热红茶	20毫升

调料

冰糖	适量

做法

① 将牛奶加热，备用。

② 在加热好的牛奶中放入蜜瓜粉、热红茶，调匀。

③ 饮用前，加入适量放糖，调匀即可。

香蕉奶茶

制作时间 10 分钟

难易度 ★

主料

牛奶	100毫升
香蕉粉	40克
热红茶	20毫升
香蕉	1个

调料

冰糖	适量

做法

① 将牛奶加热，备用。

② 在加热好的牛奶中放入香蕉粉、热红茶，调匀。

③ 香蕉洗净，切成薄片。

④ 在饮用前，将适量冰糖放入杯中，搅拌均匀，用香蕉薄片装饰即可。

Tips

1. 存放香蕉时，不能将其放入冰箱，否则会使其发黑、腐烂。

2. 香蕉是淀粉质丰富的有益水果，味甘性寒，可清热润肠、促进肠胃蠕动，但脾虚泻者不宜食用。

木瓜奶茶

制作时间 10分钟　难易度 ★

主料

牛奶	100毫升
木瓜粉	40克
热红茶	20毫升
苹果	少许

调料

冰糖	适量

Tips

　　木瓜能消除体内过氧化物等毒素、净化血液，对肝功能障碍及高血脂、高血压病具有很好的防治效果。

做法

① 将牛奶加热，备用。

② 在加热好的牛奶中放入木瓜粉、热红茶，调匀。

③ 苹果洗净，对半切开，去核，切成2厘米厚的薄片。

④ 在饮用前，将适量冰糖放入杯中，搅拌均匀，用苹果稍加装饰即可。

第六章

果蔬冰饮

　　本章为您推荐多种由碎冰、果汁加新鲜果蔬调制而成的低热量冰饮，具有美肌养颜、分解脂肪、消除疲劳之功效，让您在家也能感受不同风味的清凉夏季，喝出不一样的沁凉美味！

青橘柠檬冰饮

制作时间
25 分钟

难易度
★★★

主料

青橘	2个
柠檬	半个

调料

蜂蜜	40克
纯净水	50克
冰块	适量

做法

① 柠檬洗净，对半切开，挤汁待用。

② 青橘洗净，去除蒂部，用擦丝器从青橘皮上擦少许橘皮丝，待用。

③ 将剩下的青橘肉、柠檬汁放入料理机的搅拌杯中，加入纯净水，搅打成汁。

④ 将做好的果汁倒入杯中，放入冰块和蜂蜜，调匀，撒入青橘皮丝即成。

Tips

　　青橘富含维生素C、柠檬酸等营养物质，有美容养颜、消除疲劳的作用。其与柠檬汁搭配制成冰饮，有效提升了其美容养颜、解除疲劳的功效，是一款价廉物美的天然维生素补充饮料。

特点功效

· 喜欢酸味的人，可增加柠檬汁的用量。

· 青橘皮丝主要用于装饰，不可多用。

芒果冰沙

制作时间 25 分钟　难易度 ★★★

主料

芒果	300克
鲜柠檬	半个

调料

纯净水、冰糖	各适量

做法

① 锅置火上，加适量纯净水和冰糖，以小火加热至溶化为糖水，倒出冷却，待用。

② 芒果洗净，削皮去核，取下果肉，切成小丁；鲜柠檬洗净，对半切开，挤出汁液。

③ 将处理好的芒果、柠檬汁放入料理机的搅拌杯中，加入适量纯净水，充分搅打成泥。

④ 将做好的芒果泥倒入糖水中，调匀，放冰箱冻成冰块。食用时，将芒果冰放入搅拌杯中打成冰沙即成。

Tips

　　芒果成熟时为黄色，味甜，富含糖、蛋白质、粗纤维，具有清理肠胃、美化肌肤、防治便秘等功效。

特点功效

· 在冰沙中加入少量带有酸味的柠檬汁，可以显著提升冰沙的清爽口感。

· 如芒果本身口感较酸，可以适当减少柠檬汁的用量。

橙子冰沙盅

制作时间 25分钟

难易度 ★★★

主料

橙子	4个

调料

纯净水	适量
冰糖	50克

Tips

橙子含有丰富的维生素C、胡萝卜素等营养物质，具有软化血管、降低胆固醇、降低血脂、美容养颜之功效。

做法

① 锅置火上，加入纯净水和冰糖，加热煮沸至溶解，离火晾凉。

② 橙子洗净，用小刀在蒂下1厘米处刻一圈锯齿形刀口，取下蒂部做"盅盖"。

③ 用小勺挖出橙子中的果肉，使其皮呈"盅"形。

④ 将挖出的橙子果肉放入料理机的搅拌杯中搅打成泥。

⑤ 在做好的橙子泥中加入熬好的糖水，调匀。

⑥ 把调好的橙子泥放冰箱冻成冰块，再入搅拌杯中打成冰沙，盛入橙子盅内即可。

特点功效

· 橙肉打泥前，最好把白色筋络撕净。

· 如果橙子不太酸，可加入适量柠檬汁，口感更佳。

· 按此法还可制作柠檬冰沙盅、雪梨冰沙盅、苹果冰沙盅等。

猕猴桃蓝莓冰沙

制作时间
25 分钟

难易度
★★★

主料

猕猴桃	200克
蓝莓	100克

调料

纯净水	适量
冰糖	100克

做法

① 锅置火上，加入纯净水和冰糖，加热煮沸至溶解，离火晾凉。

② 蓝莓洗净，用淡盐水稍泡片刻，控干水分；猕猴桃洗净，削去外皮，切成小块。

③ 将处理好的蓝莓、猕猴桃分别放入料理机中，加入适量纯净水，一同搅打成果泥。

④ 将做好的猕猴桃蓝莓果泥倒在糖水中，充分调匀，放冰箱冻成冰块，再入料理机的搅拌杯中打成冰沙即成。

Tips

蓝莓含有丰富的花青素，具有活化视网膜、促进视网膜细胞中的视紫质再生、预防近视、增进视力等功效，与猕猴桃搭配，甜酸爽口，果香宜人。

特点功效

· 熬制糖水时，若表面有杂质，可放入一个打发的鸡蛋白，待其定型后捞出，杂质便可去除。

· 冰糖不宜投放过多，味道甜而适中即可。

芋头冰沙

制作时间 25 分钟　难易度 ★★★

主料

芋头	150克
鲜牛奶	200克

调料

冰块	适量
蜂蜜	50克

做法

① 芋头去除泥沙，冲洗干净，上笼蒸烂，放凉后取出去皮，切成小块，备用。

② 鲜牛奶入锅，上火煮沸约5分钟，离火晾凉。

③ 将冰块放入料理机的搅拌杯中，加入芋头块、蜂蜜、冰块和冷却的鲜牛奶，充分搅打成冰沙。

④ 将做好的冰沙盛入杯中，稍加装饰即可。

Tips

芋头性平，味甘、辛，含有丰富的矿物质，其中氟的含量较高，使之具有洁齿防龋的作用。此外，芋头中还含有多种微量元素，能增强人体的免疫功能。

特点功效

· 芋头一定要煮熟，否则其中的黏液会刺激咽喉。

· 按照此法，还可制作土豆冰沙、红薯冰沙、南瓜冰沙等。

彩虹冰咖啡

主料

冰咖啡	100毫升
菠萝汁	60毫升
红石榴汁	15毫升
冰淇淋球	1个

调料

冰块	适量

做法

① 将备好的红石榴汁、菠萝汁、冰块分别放入杯中。

② 在杯中加入冰咖啡，顶部放上冰淇淋球，再淋少许红石榴汁即可。

新鲜水果茶

主料

冰红茶	100毫升
什锦水果	60克
杨桃、糖水	各适量

调料

冰块	适量

做法

① 将备好的什锦水果、冰块、糖水依次放入果汁杯中。

② 向杯中缓缓倒入冰红茶，顶部放一片杨桃装饰即可。

主料

冰红茶	150毫升
浓缩乌梅汁	30毫升
浓缩柠檬汁	20毫升

调料

柠檬片、冰块	各适量

做法

① 将备好的浓缩乌梅汁、浓缩柠檬汁倒入调酒壶中，加入冰块摇匀。

② 将摇匀的混合汁倒入杯中，加入冰红茶至九分满，顶部放一片柠檬即可。

情人茶

主料

冰红茶	150毫升
柠檬汁	30毫升
蜂蜜	10毫升

调料

柠檬	2片
冰块	适量

做法

① 将备好的柠檬汁、冰块、蜂蜜依次倒入杯中。

② 在杯中加入冰红茶至九分满，顶部放入柠檬片，稍加装饰即可。

柠檬红茶

泡沫柠檬冰红茶

主料

冰红茶	150毫升
柠檬汁	30毫升

调料

糖水、冰块	各适量

做法

① 将备好的冰红茶、柠檬汁、冰块、糖水依次放入调酒壶内。

② 用力摇匀调酒壶中的果汁，直至出现丰富泡沫，倒入杯内即可。

健康维C红茶

主料

冰红茶	120毫升
柠檬汁	30毫升

调料

冰块	4~5块
糖水	20毫升

做法

① 将备好的柠檬汁、糖水依次倒入果汁杯中，再加入冰块。

② 向杯中缓缓倒入冰红茶，调匀即可。